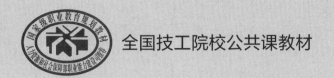

全国技工院校公共课教材

专业数学
电工电子类 （第3版）

薛枫　徐娟珍 / 主编

U0209460

中国劳动社会保障出版社

图书在版编目(CIP)数据

专业数学：电工电子类/薛枫，徐娟珍主编. -- 3 版. -- 北京：中国劳动社会保障出版社，2022

全国技工院校公共课教材

ISBN 978 - 7 - 5167 - 5345 - 3

Ⅰ.①专… Ⅱ.①薛…②徐… Ⅲ.①工程数学-技工学校-教材 Ⅳ.①TB11

中国版本图书馆 CIP 数据核字(2022)第 153438 号

中国劳动社会保障出版社出版发行

(北京市惠新东街 1 号 邮政编码：100029)

*

北京市白帆印务有限公司印刷装订 新华书店经销

787 毫米×1092 毫米 16 开本 6 印张 139 千字

2022 年 10 月第 3 版 2023 年 12 月第 2 次印刷

定价：14.00 元

营销中心电话：400-606-6496

出版社网址：http://www.class.com.cn

http://jg.class.com.cn

前　言

依据人力资源社会保障部办公厅印发的《技工院校公共基础课程方案》和《技工院校数学课程标准》，我们编写了《高等数学及应用》（第4版）、《专业数学（机械建筑类）》（第3版）、《专业数学（电工电子类）》（第3版）三种适用于技工院校高级班的教材。《高等数学及应用》（第4版）从培养实际应用能力出发，介绍微积分基础知识；《专业数学（机械建筑类）》（第3版）、《专业数学（电工电子类）》（第3版）立足生产实际，根据职业需求，选取适用、实用的教学内容，重点介绍应用数学工具解决专业问题的方法。

《专业数学（电工电子类）》（第3版）进一步突出密切联系专业的特色，为专业课教学提供支持，并充实了各章节的例题，以反映相关工种在工艺技术、加工对象等方面的最新变化。同时，在每章结尾增加了专题阅读材料，介绍与章节内容相关的知识。

为适应不同专业方向、不同教学基础的需求，本教材对内容做了分层处理：标题前加"＊"的内容为选学内容。题号前加"＊"的习题为拓展习题。

本教材由薛枫、徐娟珍主编，王振宁、韩壮、朱文佳、陶彩栋参加编写。

编者

前　言

目 录

第一章 代数运算的应用 ·· （1）

§1-1 方程组的应用 ·· （1）

§1-2 流程图的应用 ·· （7）

§1-3 计算器的应用 ·· （17）

§1-4 正弦量的复数表示 ·· （22）

专题阅读 戴维南定理 ·· （33）

第二章 三角函数及其应用 ······································ （35）

§2-1 诱导公式 ·· （35）

§2-2 解直角三角形及其应用 ·· （39）

§2-3 两角和与差的三角函数 ·· （43）

§2-4 正弦型函数的应用 ·· （48）

专题阅读 为什么圆周是 $360°$ ···································· （53）

第三章 逻辑代数的应用 ·· （54）

§3-1 数制与码制 ·· （54）

§3-2 逻辑函数及其表示法 ·· （61）

§3-3 逻辑代数的公式化简 ·· （70）

专题阅读 卡诺图在逻辑函数中的应用 ······························ （75）

* 第四章 微分方程及其应用 ·································· （77）

§4-1 可分离变量的微分方程 ·· （77）

§4-2 一阶线性微分方程 ·· （81）

§4-3 二阶微分方程 ·· （86）

专题阅读 蝴蝶效应 ·· （90）

第一章

代数运算的应用

代数式的特点是用字母表示数和数量之间的关系. 代数式的运算和方程的求解是初等代数研究的对象. 掌握代数运算有助于解决许多生活与生产的实际问题. 本章通过实例介绍代数运算在生产实践中的应用.

教学要求

1. 方程组的应用

掌握三元一次方程组的解法，并能解决有关实际问题.

2. 流程图的应用

了解流程图的有关概念，理解三种基本的算法结构（顺序结构、选择结构、循环结构），并能结合实际问题画出流程图或说明流程图所描述的过程.

3. 计算器的应用

熟练利用计算器进行指数、对数及三角函数的计算.

4. 正弦量的复数表示

（1）掌握复数的表示、运算及其相关应用.

（2）掌握相量的有关概念，能运用复数的运算表述相量的几何关系，并会解决有关实际问题.

§1-1 方程组的应用

在专业课中经常会遇到"解方程组"的代数运算. 现主要介绍解二元（或三元）一次方程组、二元二次方程组的"代入消元法".

一、二元（或三元）方程组及其解法

二元（或三元）一次方程（组）解法见下表.

二元（或三元）一次方程	含有两个（或三个）未知量，并且未知量的最高次是一次的整式方程
二元（或三元）一次方程组	两个及以上的二元（或三元）一次方程组成的方程组
二元（或三元）一次方程组的解法	最基本的解法是代入消元法

二元二次方程（组）解法见下表.

二元二次方程	含有两个未知量，并且未知量的最高次是二次的整式方程		
二元二次方程组	两个二元方程组成且其中至少有一个二元二次方程的方程组		
二元方程组的常见形式	$\begin{cases} 二元一次方程, \\ 二元二次方程 \end{cases}$ 或 $\begin{cases} 二元二次方程, \\ 二元二次方程 \end{cases}$		
二元方程组的解法	最基本的解法是代入消元法		

下面通过例题来学习方程组的解法，请同学们多体会，以便为处理实际问题打好基础.

例1 解方程组 $\begin{cases} x-y+z=0, & ① \\ 4x+2y+z=3, & ② \\ 25x+5y+z=60. & ③ \end{cases}$

在解三元一次方程组时，通常先将一个变量看作常数，然后利用其中的两个方程解出另外两个变量与它的关系式；再将此式代入第三个方程中，就能得到一个一元一次方程，这样便可方便地解出方程组的解.

解： 由②－①，整理得
$$x+y=1. \qquad ④$$

由③－①，整理得
$$y=10-4x. \qquad ⑤$$

把⑤代入④得
$$3x=9,$$
即
$$x=3.$$

将 $x=3$ 代入④得
$$y=-2.$$

将 $x=3$，$y=-2$ 代入①得
$$z=-5.$$

所以，原方程组的解为
$$\begin{cases} x=3, \\ y=-2, \\ z=-5. \end{cases}$$

例2 解下列方程组：

(1) $\begin{cases} x^2+y^2=25, \\ y=\dfrac{1}{2}x^2-\dfrac{1}{2}; \end{cases}$

(2) $\begin{cases} x^2+y^2=16, \\ (x-1)^2+(y+1)^2=9. \end{cases}$

解： (1) 因为
$$\begin{cases} x^2+y^2=25, & ① \\ y=\dfrac{1}{2}x^2-\dfrac{1}{2}. & ② \end{cases}$$

所以由①得
$$x^2=25-y^2. \qquad ③$$

把③代入②得
$$y=\frac{1}{2}(25-y^2)-\frac{1}{2}.$$
即
$$y^2+2y-24=0.$$

解得 $y=4$ 或 $y=-6$.

一元二次方程 $ax^2+bx+c=0$ $(a\neq 0)$ 的求根公式为：
$$x=\frac{-b\pm\sqrt{b^2-4ac}}{2a} \quad (b^2-4ac\geqslant 0).$$

把 $y=4$ 代入③得 $x^2=9$，即

$$x=\pm 3.$$

把 $y=-6$ 代入③得

$$x^2=-11 \text{（舍）}.$$

所以方程组的解为

$$\begin{cases} x=3, \\ y=4. \end{cases} \text{或} \begin{cases} x=-3, \\ y=4. \end{cases}$$

（2）因为

$$\begin{cases} x^2+y^2=16, & \text{①} \\ (x-1)^2+(y+1)^2=9. & \text{②} \end{cases}$$

所以由②得

$$x^2+y^2-2x+2y-7=0. \qquad\qquad ③$$

把①代入③得

$$y=x-\frac{9}{2}. \qquad\qquad ④$$

把④代入①得

$$8x^2-36x+17=0.$$

所以

$$x=\frac{36\pm\sqrt{(-36)^2-4\times 8\times 17}}{2\times 8},$$

即

$$x=\pm\frac{9+\sqrt{47}}{4}.$$

代入④得原方程组的解为

$$\begin{cases} x=\dfrac{9+\sqrt{47}}{4}, \\ y=\dfrac{-9+\sqrt{47}}{4} \end{cases} \text{或} \begin{cases} x=\dfrac{9-\sqrt{47}}{4}, \\ y=\dfrac{-9-\sqrt{47}}{4}. \end{cases}$$

二、方程组的应用

例3 如图 $1-1$ 所示电路中，已知 $E_1=E_2=17\text{ V}$，$R_1=2\ \Omega$，$R_2=1\ \Omega$，$R_3=5\ \Omega$，求各支路的电流（不计电源内阻）.

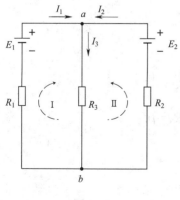

图 1-1

知识链接

基尔霍夫第一定律（节点电流定律）：通过节点电流的代数和为零，即 $\sum\limits_{i=1}^{n}I_i=0$；基尔霍夫第二定律（回路电压方程）：任一回路电压降的代数和为零，即 $\sum IR+\sum E=0$.

解：设通过各电阻的电流分别为 I_1，I_2，I_3，电流的设定方向及回路Ⅰ、回路Ⅱ的绕行方向如图 1-1 所示.

对节点 a

$$I_1+I_2=I_3. \qquad ①$$

对回路Ⅰ

$$E_1=I_1R_1+I_3R_3. \qquad ②$$

对回路Ⅱ

$$E_2=I_2R_2+I_3R_3. \qquad ③$$

将已知数据代入 ①②③，并整理得方程组

$$\begin{cases} I_2=I_3-I_1, & ① \\ 2I_1+5I_3=17, & ② \\ I_2+5I_3=17. & ③ \end{cases}$$

把①代入③得

$$6I_3-I_1=17. \qquad ④$$

把④×2+②，解得

$$I_3=3 \text{ A}.$$

把 $I_3=3$ A 代入③和④，得

$$I_1=1 \text{ A}, \ I_2=2 \text{ A}.$$

例 4 如图 1-2 所示电路中，已知 $E_1=12$ V，$E_2=8$ V，电源内阻 $r_1=1$ Ω，$r_2=0.5$ Ω，负载电阻 $R_1=3$ Ω，$R_2=1.5$ Ω，$R_3=4$ Ω，求通过每个电阻的电流.

解：设通过各电阻的电流分别为 I_1，I_2，I_3，回路Ⅰ，Ⅱ的绕行方向和电流的参考方向如图 1-2 所示.

对节点 a

$$-I_1+I_2+I_3=0.$$

对回路Ⅰ

$$-E_1+I_1r_1+I_1R_1+I_3R_3=0.$$

对回路Ⅱ

$$-E_2+I_2r_2+I_2R_2-I_3R_3=0.$$

将已知数据代入上述表达式，并整理得方程组

$$\begin{cases} -I_1+I_2+I_3=0, & ① \\ -12+4I_1+4I_3=0, & ② \\ -8+2I_2-4I_3=0. & ③ \end{cases}$$

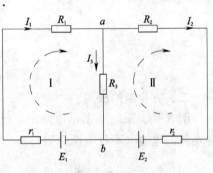

图 1-2

由②得
$$I_1 = 3 - I_3. \qquad ④$$

由③得
$$I_2 = 4 + 2I_3. \qquad ⑤$$

将④和⑤代入①，得
$$-(3 - I_3) + (4 + 2I_3) + I_3 = 0.$$

解得 $I_3 = -0.25$ A.

将 $I_3 = -0.25$ A 代入④和⑤，得：
$$I_1 = 3.25 \text{ A}, \quad I_2 = 3.5 \text{ A}.$$

例 5 如图 1-3 所示电路中，已知 $E_1 = 140$ V，$E_2 = 90$ V，$R_1 = 20 \ \Omega$，$R_2 = 5 \ \Omega$，$R_3 = 6 \ \Omega$，求各支路的电流（不计电源内阻）.

解： 该电路有两个独立回路 $ABCD$ 和 $AFHB$，设通过各电阻的电流分别为 I_1，I_2，I_3，设两个回路的回路电流 I_{11}，I_{22} 的参考方向如图 1-3 所示.

根据基尔霍夫第二定律，列出各独立回路的电压方程式，则有

$$\begin{cases} (R_1 + R_3)I_{11} - R_3 I_{22} - E_1 = 0, & ① \\ (R_2 + R_3)I_{22} - R_3 I_{11} + E_2 = 0. & ② \end{cases}$$

将已知数据代入①和②，并整理得

$$\begin{cases} 26I_{11} - 6I_{22} = 140, \\ -6I_{11} + 11I_{22} = -90. \end{cases}$$

解得 $I_{11} = 4$ A，$I_{22} = -6$ A.

所以，各支路电流为
$$I_1 = I_{11} = 4 \text{ A},$$
$$I_2 = -I_{22} = 6 \text{ A},$$
$$I_3 = I_{11} - I_{22} = 10 \text{ A}.$$

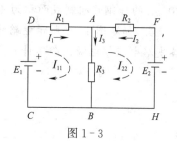

图 1-3

> 电流的值是正是负，与其参考方向有关. 如果只考虑电流的实际方向，则电流的值就是电流强度，不应出现负值.

知识链接

> 为了区别回路电流和支路电流，一般回路电流符号采用双脚标，如 I_{11}，I_{22}.

知识链接

> 本回路电流在本回路所有电阻上产生的电压降都为正；当相邻回路的电流与本回路电流在公共支路上的方向一致时，相邻回路的电流在公共支路电阻上的电压降为正，反之为负.

知识链接

> 单独支路的电流等于本回路的电流，公共支路的电流等于相邻回路电流的代数和.

课后习题

1. 解下列方程组：

$$(1) \begin{cases} 2x - 7y + 10 = 0, \\ 9y + 4z - 18 = 0, \\ 11x + 8z + 19 = 0; \end{cases} \qquad (2) \begin{cases} x - 2y + z = -1, \\ x + y + z = 2, \\ x + 2y + 3z = -1; \end{cases}$$

$$(3)\begin{cases}x+y+z=12,\\x+2y+5z=22,\\x=4y;\end{cases}\qquad(4)\begin{cases}x^2+y^2=25,\\xy=12.\end{cases}$$

2. 已知方程：$x^2+y^2+Dx+Ey+F=0$，当分别满足 $\begin{cases}x=7,\\y=1,\end{cases}\begin{cases}x=0,\\y=2,\end{cases}\begin{cases}x=-1,\\y=-5\end{cases}$ 时，求方程中的 D，E，F.

3. 设计变压器中的硅钢片时要求方框有一定的面积（题图 1-1）. 今有长 30 cm，宽 20 cm 的硅钢片冲制成面积为 456 cm² 的方框，求方框的边宽 x.

4. 如题图 1-2 所示电路中，$E_1=E_3=5$ V，$E_2=10$ V，$R_1=R_2=5$ Ω，$R_3=15$ Ω，求各支路电流（电源内阻不计）.

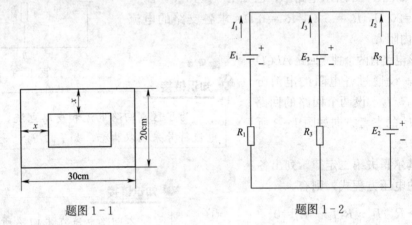

题图 1-1   题图 1-2

5. 如题图 1-3 所示电路中，若已知 $u_1=1$ V，$u_2=2$ V，$u_5=5$ V，求 u_3 和 u_4.

6. 如题图 1-4 所示电路中，$E_1=8$ V，$E_2=6$ V，$R_1=R_2=R_3=2$ Ω，求各支路的电流（电源内阻不计）.

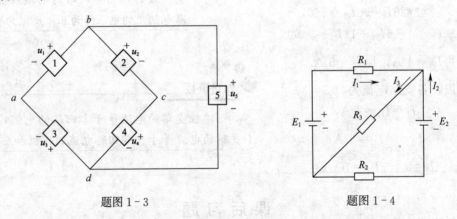

题图 1-3   题图 1-4

7. 如题图 1-5 所示是一台直流发电机和蓄电池并联供电的电路. 已知直流发电机的电动势 $E_1=7$ V，内阻 $r_1=0.2$ Ω，蓄电池组的电动势 $E_2=6.2$ V，内阻 $r_2=0.2$ Ω，负载电阻 $R_3=3.2$ Ω. 求各支路电流和负载的端电压.

8. 如题图 1-6 所示电路中，$E_3=35$ V，$E_2=30$ V，$R_1=10$ Ω，$R_2=5$ Ω，$R_3=15$ Ω，$I_1=3$ A，求流过 R_2，R_3 的电流及 E_1 的大小（内阻不计）.

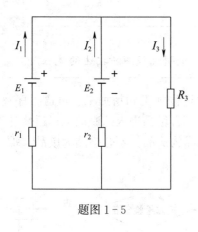

题图 1-5

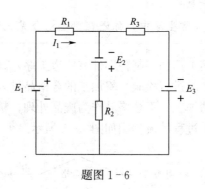

题图 1-6

§1-2 流程图的应用

你在家里烧开水的过程是什么样的？这一过程可以用下面的流程图（图1-4）来表示.

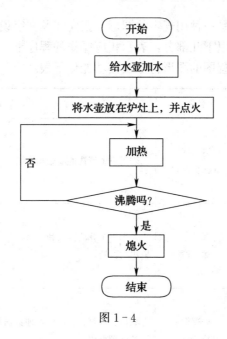

图 1-4

1. 流程图的作用是表示一个动态过程或者描述一个过程性的活动，从而指导人们完成某一项任务或者用于交流.

2. 流程图通常会有一个"起点"，以及一个或多个"终点".

3. 使用流程图可以直观、明确地表示动态过程从开始到结束的全部步骤.

在日常生活中，你还在哪些场合见过流程图？请说明流程图所描述的流程.

如某工厂加工某种零件有三道工序，即粗加工、返修加工和精加工. 每道工序完成时，都要对产品进行检验. 粗加工的合格品进入精加工，不合格品进入返修加工；返修加工合格品进入精加工，不合格品作为废品处理；精加工合格品为成品，不合格品为废品. 那么这个零件加工过程的流程图如图 1-5 所示.

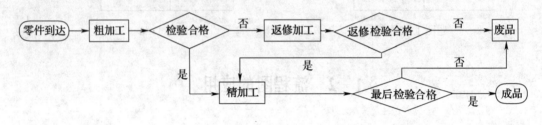

图 1-5

流程图又称程序框图，是一种用规定的图形、指向线及文字说明来准确、直观地表示算法的图形. 一个流程图包括以下几部分：表示相应操作的程序框，带箭头的流程线，程序框外必要的文字说明. 构成流程图的图形符号及其功能见下表.

程序框	名称	功能
	终端框 （起止框）	表示一个算法的起始和结束，是任何流程图不可少的
	输入、 输出框	表示一个算法输入和输出的信息，可用在算法中任何需要输入、输出的位置
	处理框 （执行框）	赋值、计算，算法中处理数据需要的算式、公式等分别写在不同的处理框内
	判断框	判断某一条件是否成立，成立时在出口处标明"是"或"Y"，不成立时标明"否"或"N"
⟶	流程线	表示执行步骤的路径

在用流程图表示算法时必须遵循以下规则：

（1）使用标准的图形符号；

（2）流程图一般按从上到下、从左到右的次序画；

（3）在流程图中，任意两个程序框之间都存在流程线；

（4）一般开始框只有一个出口，结束框只有一个进口，判断框有一个进口、两个出口，其他框有一个进口、一个出口；

（5）在图形符号内使用的文字要简洁、明了。

例如，2022年我国北京市成功举办了第 24 届冬季奥林匹克运动会．举办城市的确定规则如下：国际奥委会对候选城市进行投票表决，其程序为每位委员每轮只能投一座城市，先进行第一轮投票，如果有一座城市的得票数超过总票数的一半，那么该城市就获得举办权；如果所有申办城市的得票数都不超过总票数的一半，那么将得票数最少的城市淘汰，然后重复上述过程，直到选出一座举办城市为止．它的算法可以用如图 1-6 所示的流程图来表示．

从流程图 1-6 可以看出，该算法中，有些步骤是按顺序执行的，有些步骤是需要选择执行的，而另外一些则需循环执行．

事实上，算法都可以由顺序结构、选择结构和循环结构这三块"积木"通过组合和嵌套表达出来．流程图可以帮助我们更方便、直观地表示算法结构．

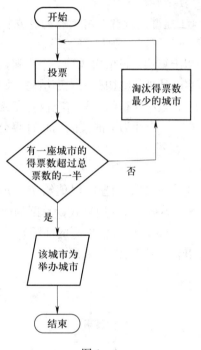

图 1-6

一、顺序结构

已知两个单元分别存放了变量 x 和 y 的值，交换这两个变量的值可按如下的算法进行：

S_1　$p \leftarrow x$；（先将 x 的值赋给变量 p，这时存放变量 x 的单元可作他用）

S_2　$x \leftarrow y$；（再将 y 的值赋给变量 x，这时存放变量 y 的单元可作他用）

S_3　$y \leftarrow p$．（最后将 p 的值赋给变量 y，两个变量 x 和 y 的值便完成了交换）

其流程图如图 1-7 所示．

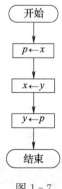

图 1-7

上述 S_1 代表步骤1，S_2 代表步骤2，以此类推．S 是 step（步）的第一个字母．将 x 的值赋给变量 p，记作"$p \leftarrow x$"．

想一想

上述算法过程具有怎样的特点？

以上算法通过依次执行三个步骤，完成了交换两个变量 x 和 y 的值这一过程．像这种依次进行多个处理的结构称为顺序结构．如图 1-8 所示，虚线框内是一个顺序结构，其中 A 和 B 两个框是依次执行的，只有在执行完 A 框指定的操作后，才能接着执行 B 框所指定的操作．

例 1　半径为 r 的圆的面积计算公式为 $S = \pi r^2$，当 $r = 10$ 时，写出计算圆面积的算法并画出流程图．

解：算法如下：

S_1　$r \leftarrow 10$；（把 10 赋值给变量 r）

S_2　$S \leftarrow \pi r^2$；（用公式计算圆的面积）

S_3　输出 S．（输出圆的面积）

其流程图如图 1-9 所示．

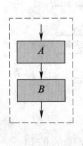

图 1-8

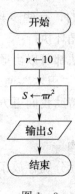

图 1-9

例 2　如果三角形的边长分别为 a，b，c，那么这个三角形的面积

$$S = \sqrt{p(p-a)(p-b)(p-c)},$$

其中，p 为三角形的半周长，即 $p = \dfrac{a+b+c}{2}$．

这是著名的海伦公式．请利用海伦公式设计一个计算三角形面积的算法，并画出流程图．

解：算法如下：

S_1　输入三角形的三条边长 a，b，c；

S_2　计算 $p = \dfrac{a+b+c}{2}$；

S_3　计算 $S = \sqrt{p(p-a)(p-b)(p-c)}$；

S_4　输出 S．

其流程图如图 1-10 所示.

二、选择结构

某铁路客运部门规定甲、乙两地之间旅客托运行李的费用 c（单位：元）与行李的质量 W（单位：kg）之间的关系为：

$$c=\begin{cases}0.53W, & 0\leqslant W\leqslant 50,\\ 50\times 0.53+(W-50)\times 0.85, & W>50.\end{cases}$$

其流程图如图 1-11 所示.

在上述算法过程中，对 $0\leqslant W\leqslant 50$ 进行了判断，像这种先根据条件做出判断，再决定执行哪一种操作的结构称为选择结构（或称为"分支结构"）. 如图 1-12 所示，虚线框内是一个选择结构，它包含一个判断框，当条件 p 成立（或称为"真"）时执行 A，否则执行 B.

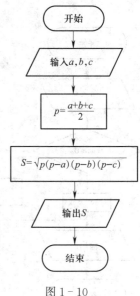

图 1-10

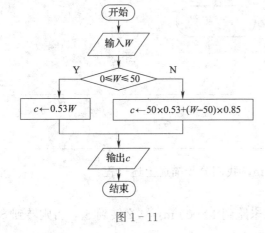

图 1-11

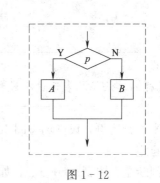

图 1-12

例 3 设计一个求任意实数的绝对值的算法，并画出流程图.

解： 由绝对值的定义，算法如下：

S_1 输入 x；

S_2 如果 $x\geqslant 0$，则 $y=x$；否则 $y=-x$；

S_3 输出 y.

其流程图如图 1-13 所示.

例 4 写出比较两个数大小关系的算法，并画出流程图.

解： 算法如下：

S_1 输入两个数 a，b；

S_2 判断 a 是否不等于 b，如果 $a\neq b$，则转到 S_3，否则输出 $a=b$；

S_3 判断 a 是否大于 b，如果 $a>b$，则输出 $a>b$，否则输出 $a<b$.

其流程图如图 1-14 所示.

三、循环结构

在学校的长跑测试中，你每跑 1 圈会想是否跑完了全程. 如果没有跑完全程，那么又会想离终点还有多远.

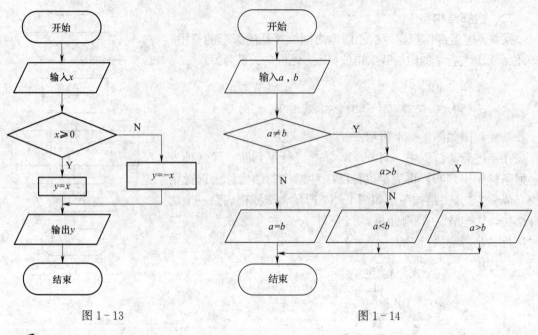

图 1-13

图 1-14

用怎样的算法结构表示这个过程?

以万米长跑为例,设操场每圈 400 m,我们分步描述上述过程:

S_1 起跑;

S_2 判断是否跑到 10 000 m,如果未跑到 10 000 m,那么转到 S_3,否则转到 S_4;

S_3 跑 1 圈,转到 S_2;

S_4 结束.

上述算法可用如图 1-15 所示的流程图来表示. 在算法中,像这种需要重复执行同一操作的结构称为循环结构.

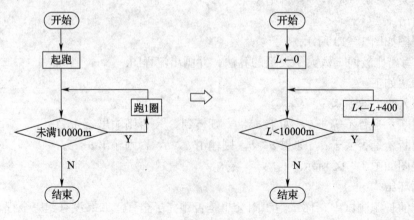

图 1-15

如图 1-16 所示为一种常见的循环结构：先判断所给条件 p 是否成立，若 p 成立，则执行 A；再判断条件 p 是否成立，若 p 仍成立，则又执行 A。当条件 p 成立时，重复执行 A；当条件 p 不成立时，结束循环。这样的循环结构称为当型循环。

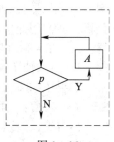

图 1-16

对于万米长跑，如果我们先跑 1 圈后再判断，那么还可以这样描述算法过程：

S₁ 起跑；

S₂ 跑 1 圈；

S₃ 判断是否跑到 10 000 m，如果跑到 10 000 m，那么转到 S₄，否则转到 S₂；

S₄ 结束。

其流程图如图 1-17 所示。

上面这种循环结构称为直到型循环（图 1-18）：先执行 A，再判断所给条件 p 是否成立，若 p 不成立，则再执行 A。如此反复，直到 p 成立，结束循环。

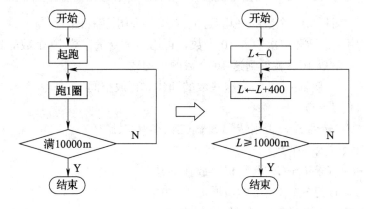

图 1-17

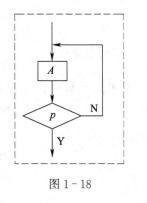

图 1-18

想一想

在图 1-19 所示的流程图中，哪些步骤构成了循环结构？

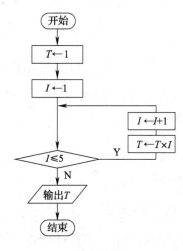

图 1-19

例 5　写出求 $1 \times 2 \times 3 \times 4 \times 5$ 的一个算法，并画出流程图.

分析　我们用变量 T 存放乘积的结果，变量 I 作为计数变量. 每循环一次，I 的值增加 1.

解： S_1　$T \leftarrow 1$；（使 $T = 1$）

S_2　$I \leftarrow 1$；（使 $I = 1$）

S_3　如果 $I \leqslant 5$ 转到 S_4，否则转到 S_6；（当 $I \leqslant 5$ 时循环）

S_4　$T \leftarrow T \times I$；（求 $T \times I$，其积仍存放在变量 T 中）

S_5　$I \leftarrow I + 1$，转到 S_3；（使 I 的值增加 1，并转到 S_3）

S_6　输出 T.（输出结果）

其流程图如图 1-19 所示.

想一想

　　流程图 1-19 使用了哪一种循环结构？如何用另一种循环结构来描述同样的问题？请对算法做少许改动，求 $1 \times 3 \times 5 \times 7 \times 9$ 的值.

例 6　设计一个计算 10 个数的平均数的算法，并画出流程图.

分析　我们用一个循环依次输入 10 个数，再用一个变量存放 10 个数的累加和. 在求出 10 个数的总和后，除以 10，就得到这 10 个数的平均数.

解： S_1　$F \leftarrow 0$；（使 $F = 0$，是为这些数的和建立存放空间）

S_2　$I \leftarrow 1$；（使 $I = 1$）

S_3　如果 $I \leqslant 10$ 转到 S_4，否则转到 S_7；（当 $I \leqslant 10$ 时循环）

S_4　输入 G；（输入一个数）

S_5　$F \leftarrow F + G$；（求 $F + G$，其和仍存放在 F 中）

S_6　$I \leftarrow I + 1$，转到 S_3；（使 I 的值增加 1，并转到 S_3）

S_7　$A \leftarrow F / 10$；（将平均数 $F / 10$ 存放在 A 中）

S_8　输出 A.（输出平均数）

其流程图如图 1-20 所示.

例 7　设计一个算法，计算 $1 + \dfrac{1}{2} + \dfrac{1}{3} + \cdots + \dfrac{1}{100}$ 的值，并画出流程图.

解： 这是一个求 $\dfrac{1}{n}$ 的前 100 项和的问题，我们定义一个累加变量 S 用于存放这个累加和，同时定义一个记数变量 i 用于存放累加项.

算法如下：

S_1　$S \leftarrow 0$；

S_2　$i \leftarrow 0$；

S_3　$i \leftarrow i + 1$；

S_4　$S \leftarrow S + \dfrac{1}{i}$；

S_5　如果 $i \geqslant 100$，则转到 S_6，否则转到 S_3；

S_6　输出 S.

其流程图如图 1-21 所示.

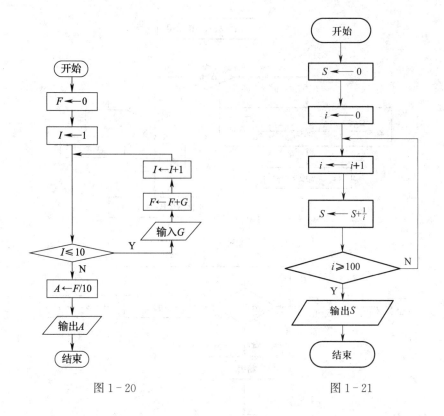

图 1-20

图 1-21

课 后 习 题

1. 设计一个解一元二次不等式 $ax^2+bx+c>0(a>0)$ 的算法的流程图（题图 1-7），其中①应填（　　）.

A. $\Delta<0$　　　　　B. $\Delta=0$　　　　　C. $\Delta\leqslant0$　　　　　D. $\Delta\geqslant0$

2. 如题图 1-8 所示流程图输出的结果是多少？

3. 设计一个算法，从输入的 5 个数中找出最大值.

4. 已知摄氏温度 x（℃）和华氏温度 y（℉）的换算关系为 $y=\dfrac{9}{5}x+32$，设计一个通过摄氏温度求华氏温度的算法，并画出流程图.

5. 火车站对乘客在一定时段内退票收取一定的费用，收费的办法如下：按票价每 10 元（不足 10 元按 10 元计算）核收 2 元，票价在 2 元以下的不退. 试分步写出计算将票价为 x 元的车票退掉后，应返还的金额 y 元的算法，并画出流程图.

6. 画出一个求两个正整数 a 与 b 相除所得商 q 及余数 r 的算法的流程图.

7. 若数列 $\{a_n\}$ 满足：$a_1=1$，$a_2=1$，$a_n=a_{n-1}+a_{n-2}$（$n\geqslant3$），则称数列 $\{a_n\}$ 为斐波那契数列，设计一个算法，列出斐波那契数列的前 100 项，并画出流程图.

8. 用 N_i 代表第 i 个学生的学号，G_i 代表第 i 个学生的成绩（$i=1$，2，3，…，50），如题图 1-9 所示的流程图表示了一个什么样的算法？

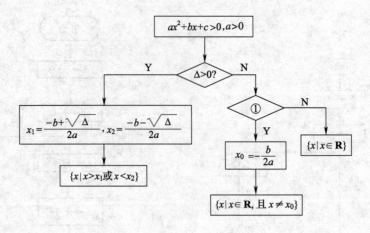

题图 1 - 7

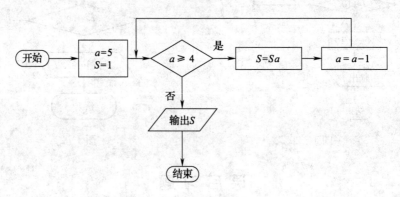

题图 1 - 8

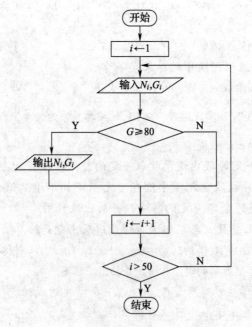

题图 1 - 9

9. 通常说一年有 365 天，它表示地球围绕太阳一周所需要的时间，但事实上并不是那么精确，根据天文资料，地球围绕太阳一周的时间是 365.242 2 天，称为天文年，这个误差看似不大，却能引起季节和日历之间难以预料的大变动，在历法上规定 4 年一闰，百年少一闰，四百年多一闰. 请你设计一个算法，判断某一年是否是闰年，并画出流程图.

10. 任意给定 3 个正实数，设计一个算法，判断以这 3 个正实数为三条边边长的三角形是否存在，并画出流程图.

11. 试设计求 $1^2-2^2+3^2-4^2+\cdots+99^2-100^2$ 的值的算法的流程图.

12. 设计一个算法，求 $1+2+4+\cdots+2^{49}$ 的值，并画出流程图.

§1-3 计算器的应用

我们在日常的学习、工作中，经常会遇到一些比较烦琐的数字处理问题，这时就离不开计算器，下面以卡西欧 fx-95MS 型计算器为例对计算器的常用方法做简单介绍.

计算器的操作方式因计算器型号不同而不同. 这里只给出了一种常用方法.

一、指数及对数的计算

1. 指数

开机后，先用以下方法将计算器设定在基本计算（"D"）状态：

$$\boxed{\text{MODE}}\ \boxed{1}\ \text{显示}\ \boxed{\text{D}}.$$

再按下列顺序依次按键：

$$\boxed{\text{底数}}\ \boxed{\wedge}\ \boxed{\text{指数}}\ \boxed{=}.$$

此时计算器显示屏上的数据即为所求结果.

例 1 利用计算器计算求值：

(1) $(0.4)^3$；　　(2) $(1.2)^{-3}$；　　(3) $\sqrt[5]{112}$.

解：(1) 在 $(0.4)^3$ 中，0.4 为底数，3 为指数，所以按键顺序如下：

$$\boxed{0.4}\ \boxed{\wedge}\ \boxed{3}\ \boxed{=},$$

结果显示 6.4×10^{-02}.

即

$$(0.4)^3=0.064.$$

(2) 按如下顺序计算

$$\boxed{1.2}\ \boxed{\wedge}\ \boxed{(-)}\ \boxed{3}\ \boxed{=},$$

结果显示 0.578 703 703 7.

即

$$(1.2)^{-3} \approx 0.578\ 703\ 703\ 7.$$

(3) $\sqrt[5]{112} = 112^{\frac{1}{5}}$，按键顺序如下：

$$\boxed{5}\ \boxed{\text{SHIFT}}\ \boxed{\sqrt[x]{}}\ \boxed{112}\ \boxed{=},$$

结果显示 2.569 470 314.

即

$$\sqrt[5]{112} = 112^{\frac{1}{5}} \approx 2.569\ 470\ 314.$$

例 2　利用计算器计算求值：

(1) $\dfrac{1}{8}$；(2) $10^{-0.3}$；(3) $e^{-0.5}$；(4) $(-1.21)^2$；(5) $\sqrt{81}$；(6) $\sqrt[3]{1\ 000}$；(7) $\sqrt[8]{219}$；

(8) $\sqrt[5]{-11}$.

解：利用计算器计算如下：

题号	按键顺序	结果
(1)	$\boxed{8}\ \boxed{\wedge}\ \boxed{(-)}\ \boxed{1}\ \boxed{=}$	0.125
(2)	$\boxed{10}\ \boxed{\wedge}\ \boxed{(-)}\ \boxed{0.3}\ \boxed{=}$	0.501 187 233 6
(3)	$\boxed{\text{SHIFT}}\ \boxed{e^x}\ \boxed{(-)}\ \boxed{0.5}\ \boxed{=}$	0.606 530 659 7
(4)	$\boxed{(}\ \boxed{(-)}\ \boxed{1.21}\ \boxed{)}\ \boxed{x^2}\ \boxed{=}$	1.464 1
(5)	$\boxed{\sqrt{}}\ \boxed{81}\ \boxed{=}$	9
(6)	$\boxed{3}\ \boxed{\text{SHIFT}}\ \boxed{\sqrt[x]{}}\ \boxed{1\ 000}\ \boxed{=}$	10
(7)	$\boxed{8}\ \boxed{\text{SHIFT}}\ \boxed{\sqrt[x]{}}\ \boxed{219}\ \boxed{=}$	1.961 351 872
(8)	$\boxed{5}\ \boxed{\text{SHIFT}}\ \boxed{\sqrt[x]{}}\ \boxed{(}\ \boxed{(-)}\ \boxed{11}\ \boxed{)}\ \boxed{=}$	−1.615 394 266

2. 对数

例 3　利用计算器计算求值：

(1) $\lg 5$；(2) $\ln 4$；(3) $\log_2 3$.

解：(1) $\lg 5$ 为常用对数，可直接利用计算器上的 $\boxed{\log}$ 功能键计算．按键顺序为：

$$\boxed{\log}\ \boxed{5}\ \boxed{=},$$

结果显示 0.698 970 004 3.

即

$$\lg 5 = 0.698\ 970\ 004\ 3.$$

(2) $\ln 4$ 为自然对数，可直接利用计算器上的 $\boxed{\ln}$ 功能键计算．按键顺序为：

$$\boxed{\ln}\ \boxed{4}\ \boxed{=},$$

结果显示 1.386 294 361.

即

$$\ln 4 = 1.386\ 294\ 361.$$

（3）计算器上只能直接计算常用对数和自然对数，所以本题要首先利用换底公式将其换成常用对数（或自然对数）后再计算.

因为

$$\log_2 3 = \frac{\lg 3}{\lg 2}.$$

所以，利用计算器按键顺序为：

$$\boxed{\log}\ \boxed{3}\ \boxed{\div}\ \boxed{\log}\ \boxed{2}\ \boxed{=},$$

结果显示 1.584 962 501.

即

$$\log_2 3 = 1.584\ 962\ 501.$$

> 换底公式为：
> $$\log_a N = \frac{\log_b N}{\log_b a} = \frac{\lg N}{\lg a} = \frac{\ln N}{\ln a}.$$

例 4 假设 2009 年我国国民生产总值为 a 亿元，如果每年平均增长 8%，约经过多少年国民生产总值可翻一番？

解：设经过 x 年国民生产总值可翻一番，根据题意得

$$a(1+0.08)^x = 2a.$$

即

$$(1+0.08)^x = 2.$$

两边取常用对数，得

$$x\lg 1.08 = \lg 2.$$

使用计算器，得

$$x = \frac{\lg 2}{\lg 1.08} \approx 9.$$

所以，约经过 9 年的时间国民生产总值可翻一番.

例 5 已知 RC 串联电路中，电容的放电规律是 $u = u_0 e^{-\frac{t}{RC}}$，其中 u_0，R，C 是常数，u 是电容上的电压. 求 $u = 30\% \times u_0$ 时，t 是 RC 的多少倍.

解：由已知得

$$30\% \times u_0 = u_0 e^{-\frac{t}{RC}}.$$

所以

$$e^{-\frac{t}{RC}} = 0.3.$$

两边取自然对数得

$$-\frac{t}{RC} = \ln 0.3.$$

即

$$\frac{t}{RC} = -\ln 0.3 \approx 1.204.$$

> 由 $a^b = N$ 可得 $b = \log_a N$.

例 6 已知给一个电容器充电时，电压 $u_c(\text{V})$ 随时间 $t(\text{s})$ 的变化规律为：

$$u_c = 10 \times (1 - e^{-\frac{t}{0.02}}),$$

约经过多少时间电容器的电压能达到 6 V？

解：设经过时间 t 电容器电压能达到 6 V，由题意得

$$6 = 10 \times (1 - e^{-\frac{t}{0.02}}).$$

化简整理，得

$$e^{-50t}=\frac{2}{5}.$$

两边取自然对数，得

$$-50t\ln e=\ln 2-\ln 5.$$

即

$$t=\frac{\ln 2-\ln 5}{-50}.$$

使用计算器，得

$$t\approx\frac{-0.916\ 3}{-50}\approx 0.018.$$

所以，经过约 0.018 s 电容器的电压能达到 6 V.

二、三角计算

1. 已知角度求三角函数的值

例 7　求 sin 63°52′41″的值（精确到 0.000 1）.

解：先用以下方法将角度单位状态设定为"度"：

$$\boxed{\text{MODE}}\ \boxed{\text{MODE}}\ \boxed{\text{MODE}}\ \boxed{1},$$

屏幕显示 $\boxed{\text{D}}$.

再按下列顺序依次按键：

$$\boxed{\sin}\ \boxed{63}\ \boxed{°'''}\ \boxed{52}\ \boxed{°'''}\ \boxed{41}\ \boxed{°'''}\ \boxed{=},$$

结果显示 0.897 859 012.

所以

$$\sin 63°52′41″\approx 0.897\ 9.$$

例 8　求 cot 50°30′的值（精确到 0.000 1）.

解：在角度单位状态为"度"的情况下（屏幕显示出 $\boxed{\text{D}}$ ），按下列顺序依次按键：

$$\boxed{1}\ \boxed{\div}\ \boxed{\tan}\ \boxed{50}\ \boxed{°'''}\ \boxed{30}\ \boxed{°'''}\ \boxed{=},$$

结果显示 0.824 336 385 8.

即

$$\cot 50°30′\approx 0.824\ 3.$$

2. 已知三角函数的值求角度

例 9　已知 cos α＝0.586 4，求锐角 α（精确到 1″）.

解：可按下列顺序依次按键：

$$\boxed{\text{SHIFT}}\ \boxed{\cos^{-1}}\ \boxed{0.586\ 4}\ \boxed{=},$$

结果显示为 54.098 044 72.

再按 $\boxed{\text{SHIFT}}$ $\boxed{°'''}$，结果显示 54°5′52.96″，所以

$$\alpha\approx 54°5′53″.$$

例 10　已知 tan x＝0.741，求锐角 x（精确到 1′）.

解：可按下列顺序依次按键：

$$\boxed{\text{SHIFT}}\ \boxed{\tan^{-1}}\ \boxed{0.741}\ \boxed{=},$$

结果显示为 36.538 445 77.

再按 $\boxed{\text{SHIFT}}\ \boxed{\circ\prime\prime}$，结果显示为 $36°32'18.4''$，所以 $x\approx36°32'$.

3. 求两个角的差值

例 11 求 $66°37'25''-7°7'30''$ 的值.

解：可按下列顺序依次按键：

$$\boxed{66}\ \boxed{\circ\prime\prime}\ \boxed{37}\ \boxed{\circ\prime\prime}\ \boxed{25}\ \boxed{\circ\prime\prime}\ \boxed{-}\ \boxed{7}\ \boxed{\circ\prime\prime}\ \boxed{7}\ \boxed{\circ\prime\prime}\ \boxed{30}\ \boxed{\circ\prime\prime}\ \boxed{=},$$

结果显示为 $59°29'55''$.

即

$$66°37'25''-7°7'30''=59°29'55''.$$

课 后 习 题

1. 计算我国第一颗人造地球卫星的运行周期 T，其计算公式为：

$$T=2\pi\sqrt{\dfrac{R}{g}}\left(1+\dfrac{H_1+H_2}{2R}\right)^{\frac{3}{2}}.$$

其中地球半径 $R=6\,371$ km，近地点 $H_1=439$ km，远地点 $H_2=2\,384$ km，重力加速度 $g=9.8\times10^{-3}$ km/s^2.

2. 某企业年产量增长率为上一年度的 10%，问：要使产量提高一倍需要多少时间？后因企业员工搞技术创新，于 5 年内使产量翻一番，其平均年增长率是多少？

3. 一个二极管的电流 I（A）和电压 U（V）的关系为 $I=0.57\times10^{-3}\times U^{\frac{3}{2}}$，如果 $U=12$ V，求 I.

4. 已知 RC 串联电路中，电容的放电规律是 $u=u_0\mathrm{e}^{-\frac{t}{RC}}$，其中 u_0，R，C 是常数，u 是电容上的电压，求 $u=5\%\times u_0$ 时，t 是 RC 的多少倍.

5. 气压 p（mmHg）随高度 h（m）的变化规律是 $p=p_0\mathrm{e}^{-kh}$，其中 p_0 为地平面的气压，$k=0.000\,126$. 若测得高山某处的气压是地面的 $\dfrac{1}{3}$，求该处的高度 h.

6. 利用计算器求下列三角函数值（精确到 0.000 1）：

(1) $\sin 34°$;   (2) $\cos 50°40'10''$;

(3) $\tan 60°31'$;   (4) $\cot 80°$.

7. 已知锐角 α 的三角函数值，利用计算器求锐角 α（精确到 $1'$）：

(1) $\sin\alpha=0.247\,6$;   (2) $\cos\alpha=0.417\,4$;

(3) $\tan\alpha=0.189\,0$;   (4) $\cot\alpha=1.377\,3$.

8. 利用计算器计算求值（精确到 0.001）：

(1) 11^{10};   (2) $(1.052)^8$;

(3) $\sqrt[10]{6}$;   (4) $\sqrt[7]{-57.456}$;

(5) $\left(\dfrac{3}{2}\right)^{-2}$;

(6) $\log_2 48$;

(7) $\log_8 \pi$;

(8) $\log_{0.28} 2$.

§1-4 正弦量的复数表示

一、复数的表示方法

代数形式	三角形式	极坐标形式	指数形式
$z=a+bj$	$z=r(\cos\theta+j\sin\theta)$	$z=r\underline{/\theta}$	$z=re^{j\theta}$

其中:

$r=\sqrt{a^2+b^2}$, $\tan\theta=\dfrac{b}{a}$ $(a\neq0)$, $a=r\cos\theta$, $b=r\sin\theta$, $\cos\theta+j\sin\theta=e^{j\theta}$ (欧拉公式), $e=2.71828\cdots$.

在数学上虚数单位习惯用 i 表示, 在电工学中为了区别于电流的符号 i, 虚数单位一般用 j 表示. 辐角的主值 θ 在数学中取 $0\leqslant\theta<2\pi$, 在电工学中取 $-\pi<\theta\leqslant\pi$, 记作 $\arg z$.

必须注意: 与复数的代数形式不同, 一个复数的三角形式不是唯一的, $z=r(\cos\theta+j\sin\theta)$, $z=r[\cos(\theta+2k\pi)+j\sin(\theta+2k\pi)]$ $(k\in\mathbf{Z})$ 都是 z 的三角形式, 但是为了使运算的结果唯一, 通常辐角 θ 都取主值.

例1 作出复数 $z=-3+3j$ 的几何表示, 并求出其他三种形式.

解: (1) 几何表示.

如图 1-22 所示, 在复平面上作点 $Z(-3, 3)$, 连接 OZ, 得复数 $z=-3+3j$ 对应向量 $\overrightarrow{OZ}$.

(2) 三角形式.

因为

$$a=-3, \ b=3.$$

所以

$$r=\sqrt{(-3)^2+3^2}=3\sqrt{2}, \ \tan\theta=-\dfrac{3}{3}=-1.$$

因为点 $Z(-3, 3)$ 在第二象限, 因此三角形式为

$$z=3\sqrt{2}\left(\cos\dfrac{3\pi}{4}+j\sin\dfrac{3\pi}{4}\right).$$

(3) 指数形式.

$$z=3\sqrt{2}\left(\cos\dfrac{3\pi}{4}+j\sin\dfrac{3\pi}{4}\right)$$
$$=3\sqrt{2}e^{j\frac{3\pi}{4}}.$$

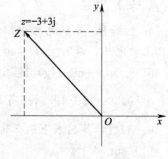

图 1-22

连接复数的几种形式的纽带是复数的模 r 和辐角 θ. 准确求出模 r 和辐角 θ, 就能进行复数不同形式之间的相互转换.

（4）极坐标形式.

$$z = 3\sqrt{2}\left(\cos\frac{3\pi}{4} + j\sin\frac{3\pi}{4}\right)$$
$$= 3\sqrt{2}\underline{/\frac{3\pi}{4}}.$$

例2 将复数$\underline{/90°}$和$\underline{/-90°}$化为代数形式.

解： 对于复数$\underline{/90°}$，因为$r=1$，$\theta=90°$，可得

$$a = r\cos\theta = \cos 90° = 0; \quad b = r\sin\theta = \sin 90° = 1.$$

所以

$$\underline{/90°} = a + bj = j.$$

同理，对于复数$\underline{/-90°}$，因为$r=1$，$\theta=-90°$，可得

$$a = r\cos\theta = \cos(-90°) = 0; \quad b = r\sin\theta = \sin(-90°) = -1.$$

所以

$$\underline{/-90°} = -j.$$

例3 将复数$z=30-40j$化为极坐标形式.

解： 由$a=30$，$b=-40$，可得

$$r = \sqrt{a^2 + b^2} = \sqrt{30^2 + (-40)^2} = 50.$$

由$\tan\theta = \dfrac{b}{a} = -\dfrac{40}{30}$，得

$$\arg z \approx -53.1°.$$

所以

$$z = 30 - 40j \approx 50\underline{/-53.1°}.$$

例4 如图 1-23 所示，已知：$R=50\ \Omega$，$L=0.5\ H$，$f=50\ Hz$，$C=40\ \mu F$. 请计算电路的总复阻抗Z和总阻抗$|Z|$，并把结果化为复数的三角形式.

解： 在交流电路中接入电阻、电容、电感后，总复阻抗Z为

$$Z = R + jX_L - jX_C = R + j\left(\omega L - \frac{1}{\omega C}\right).$$

将各已知值代入上式，得总复阻抗

$$Z \approx \left[50 + j\left(2\times 3.14\times 50\times 0.5 - \frac{10^6}{2\times 3.14\times 50\times 40}\right)\right]\ \Omega$$
$$\approx [50 + j(157 - 80)]\ \Omega$$
$$= (50 + j77)\ \Omega.$$

总阻抗为

$$|Z| = \sqrt{50^2 + 77^2} \approx 91.8\ \Omega.$$

由$\tan\theta = \dfrac{77}{50} = 1.54$，得

$$\arg Z \approx 57°.$$

所以，总复阻抗的三角形式为：

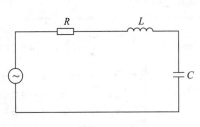

图 1-23

知识链接

在纯电阻电路中，电阻R的复数表示仍为R；在纯电感电路中，感抗的复数表示为jX_L或$j\omega L$；在纯电容电路中，容抗的复数表示为$-jX_C$或$-j\dfrac{1}{\omega C}$（其中$\omega = 2\pi f$）. 当多个复阻抗串联时，其总复阻抗等于各分复阻抗之和.

$$Z = 91.8(\cos 57° + j\sin 57°) \ \Omega.$$

例 5 如图 1-24 所示，已知 $R = 4 \ \Omega$，$X_L = 9 \ \Omega$，$X_{C_1} = 2 \ \Omega$，$X_{C_2} = 10 \ \Omega$，计算串联电路的复阻抗 Z，并用复数的指数形式表示.

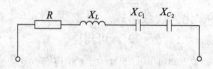

图 1-24

解： $Z = R + jX_L - jX_{C_1} - jX_{C_2} = (4 + j9 - j2 - j10) \ \Omega = (4 - j3) \ \Omega.$

$|Z| = \sqrt{4^2 + (-3)^2} \ \Omega = 5 \ \Omega$，$\tan \theta = -\dfrac{3}{4}$，得 $\arg Z \approx -36.9°$.

所以复阻抗 Z 的指数形式为 $Z = 5e^{-j36.9°} \ \Omega.$

二、复数的运算

1. 复数代数形式的运算

	代数形式
加减运算	$(a+bj) \pm (c+dj) = (a \pm c) + (b \pm d)j$
乘法运算	$(a+bj)(c+dj) = (ac-bd) + (bc+ad)j$
除法运算	$(a+bj) \div (c+dj) = \dfrac{(ac+bd)+(bc-ad)j}{c^2+d^2} = \dfrac{ac+bd}{c^2+d^2} + \dfrac{bc-ad}{c^2+d^2}j$
运算律	对任意 z_1，z_2，$z_3 \in \mathbf{C}$，有加法的交换律和结合律： $$z_1 + z_2 = z_2 + z_1,\ (z_1 + z_2) + z_3 = z_1 + (z_2 + z_3)$$ 乘法的运算律： $$z_1 \cdot z_2 = z_2 \cdot z_1 \text{（交换律）}$$ $$(z_1 \cdot z_2) \cdot z_3 = z_1 \cdot (z_2 \cdot z_3) \text{（结合律）}$$ $$z_1 \cdot (z_2 + z_3) = z_1 \cdot z_2 + z_1 \cdot z_3 \text{（分配律）}$$

例 6 如图 1-25 所示并联电路中，$R_1 = 50 \ \Omega$，$X_L = 30 \ \Omega$，$X_C = 50 \ \Omega$，$R_2 = 10 \ \Omega$，计算并联电路的复阻抗 Z，并将其表示成指数形式.

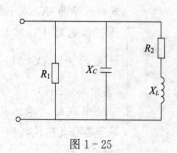

图 1-25

知识链接

当多个复阻抗并联时，等效复阻抗的倒数等于各复阻抗的倒数之和.

解：
$$\frac{1}{Z}=\frac{1}{R_1}+\frac{1}{-jX_C}+\frac{1}{R_2+jX_L}$$

$$=\left(\frac{1}{50}-\frac{1}{j50}+\frac{1}{10+j30}\right)\ \Omega^{-1}$$

$$=(0.03-j0.01)\ \Omega^{-1}.$$

$$\left|\frac{1}{Z}\right|=\sqrt{0.03^2+(-0.01)^2}\ \Omega^{-1}\approx0.032\ \Omega^{-1}.$$

$$\tan\theta=-\frac{0.01}{0.03}=-\frac{1}{3},\ \arg\frac{1}{Z}\approx-18.4°.$$

$$\frac{1}{Z}\approx0.032e^{-j18.4°}\ \Omega^{-1},\ Z\approx31.3e^{j18.4°}\ \Omega.$$

2. 复数三角形式的运算

设 $z_1=r_1(\cos\theta_1+j\sin\theta_1)$，$z_2=r_2(\cos\theta_2+j\sin\theta_2)$，$z=r(\cos\theta+j\sin\theta)$，则有：

乘法	$z_1z_2=r_1(\cos\theta_1+j\sin\theta_1)\cdot r_2(\cos\theta_2+j\sin\theta_2)$ $=r_1r_2[\cos(\theta_1+\theta_2)+j\sin(\theta_1+\theta_2)]$
除法	$\dfrac{z_1}{z_2}=\dfrac{r_1(\cos\theta_1+j\sin\theta_1)}{r_2(\cos\theta_2+j\sin\theta_2)}=\dfrac{r_1}{r_2}[\cos(\theta_1-\theta_2)+j\sin(\theta_1-\theta_2)]$
乘方	$[r(\cos\theta+j\sin\theta)]^n=r^n(\cos n\theta+j\sin n\theta)$ [棣莫佛（de Mojvre）定理]

例7 计算 $\sqrt{2}(\cos 50°+j\sin 50°)\times3(\cos 40°+j\sin 40°)$.

解： $\sqrt{2}(\cos 50°+j\sin 50°)\times3(\cos 40°+j\sin 40°)$

$$=3\sqrt{2}[\cos(50°+40°)+j\sin(50°+40°)]$$

$$=3\sqrt{2}(\cos 90°+j\sin 90°)$$

$$=3\sqrt{2}j.$$

例8 计算 $(\sqrt{3}-j)^9$.

解： 先将复数 $(\sqrt{3}-j)^9$ 化为三角形式.

因为

$$\sqrt{3}-j=2\left[\cos\left(-\frac{\pi}{6}\right)+j\sin\left(-\frac{\pi}{6}\right)\right].$$

所以

$$(\sqrt{3}-j)^9=\left\{2\left[\cos\left(-\frac{\pi}{6}\right)+j\sin\left(-\frac{\pi}{6}\right)\right]\right\}^9$$

$$=2^9\left[\cos\left(-\frac{3\pi}{2}\right)+j\sin\left(-\frac{3\pi}{2}\right)\right]$$

$$=2^9(0+j)$$

$$=512j.$$

例9 计算 $\dfrac{6(\cos 70°+j\sin 70°)}{\sqrt{3}(\cos 40°+j\sin 40°)}$.

解： $\dfrac{6(\cos 70°+\text{j}\sin 70°)}{\sqrt{3}(\cos 40°+\text{j}\sin 40°)}$

$=2\sqrt{3}\left[\cos(70°-40°)+\text{j}\sin(70°-40°)\right]$

$=2\sqrt{3}(\cos 30°+\text{j}\sin 30°)$

$=3+\sqrt{3}\text{j}.$

例 10 计算 $\dfrac{\text{j}}{2(\cos 120°-\text{j}\sin 120°)}.$

解： 因为

$$\text{j}=\cos 90°+\text{j}\sin 90°,$$
$$2(\cos 120°-\text{j}\sin 120°)=2\left[\cos(-120°)+\text{j}\sin(-120°)\right].$$

所以

$$\dfrac{\text{j}}{2(\cos 120°-\text{j}\sin 120°)}=\dfrac{\cos 90°+\text{j}\sin 90°}{2\left[\cos(-120°)+\text{j}\sin(-120°)\right]}$$

$$=\dfrac{1}{2}\left[\cos(90°+120°)+\text{j}\sin(90°+120°)\right]$$

$$=\dfrac{1}{2}(\cos 210°+\text{j}\sin 210°)$$

$$=\dfrac{1}{2}\left(-\dfrac{\sqrt{3}}{2}-\dfrac{1}{2}\text{j}\right)=-\dfrac{\sqrt{3}}{4}-\dfrac{1}{4}\text{j}.$$

3. 复数指数形式与极坐标形式的运算

	指数形式 复数 $z_1=r_1\text{e}^{\text{j}\theta_1}$, $z_2=r_2\text{e}^{\text{j}\theta_2}$, $z=T\text{e}^{\text{j}\theta}$	极坐标形式 复数 $z_1=r_1\underline{/\theta_1}$, $z_2=r_2\underline{/\theta_2}$, $z=r\underline{/\theta}$
乘法	$(r_1\text{e}^{\text{j}\theta_1})\cdot(r_2\text{e}^{\text{j}\theta_2})=r_1r_2\text{e}^{\text{j}(\theta_1+\theta_2)}$	$r_1\underline{/\theta_1}\cdot r_2\underline{/\theta_2}=r_1r_2\underline{/(\theta_1+\theta_2)}$
除法	$\dfrac{r_1\text{e}^{\text{j}\theta_1}}{r_2\text{e}^{\text{j}\theta_2}}=\dfrac{r_1}{r_2}\text{e}^{\text{j}(\theta_1-\theta_2)}$	$\dfrac{z_1}{z_2}=\dfrac{r_1\underline{/\theta_1}}{r_2\underline{/\theta_2}}=\dfrac{r_1}{r_2}\underline{/(\theta_1-\theta_2)}$
乘方	$(r\text{e}^{\text{j}\theta})^n=r^n\text{e}^{\text{j}\theta n}$	$(r\underline{/\theta})^n=r^n\underline{/n\theta}$

例 11 计算：

(1) $\dfrac{1}{5}\text{e}^{-\text{j}\pi}\cdot 10\text{e}^{\text{j}\frac{\pi}{3}}$;

(2) $36\text{e}^{\text{j}\pi}\div(9\text{e}^{\text{j}\frac{\pi}{2}})$;

(3) $\left(\sqrt{2}\text{e}^{-\text{j}\frac{\pi}{12}}\right)^6.$

解： (1) $\dfrac{1}{5}\text{e}^{-\text{j}\pi}\cdot 10\text{e}^{\text{j}\frac{\pi}{3}}=\dfrac{1}{5}\times 10\text{e}^{\text{j}\left(-\pi+\frac{\pi}{3}\right)}=2\text{e}^{-\text{j}\frac{2\pi}{3}}.$

(2) $36\text{e}^{\text{j}\pi}\div(9\text{e}^{\text{j}\frac{\pi}{2}})=\dfrac{36}{9}\text{e}^{\text{j}\left(\pi-\frac{\pi}{2}\right)}=4\text{e}^{\text{j}\frac{\pi}{2}}.$

(3) $\left(\sqrt{2}\text{e}^{-\text{j}\frac{\pi}{12}}\right)^6=(\sqrt{2})^6\text{e}^{-\text{j}\frac{\pi}{12}\times 6}=8\text{e}^{-\text{j}\frac{\pi}{2}}.$

例 12 已知复数 $z_1=6\underline{/\dfrac{3\pi}{4}}$, $z_2=2\sqrt{3}\underline{/\dfrac{\pi}{2}}$, 求 z_1z_2, $\dfrac{z_1}{z_2}$.

解： $z_1z_2=12\sqrt{3}\underline{/\left(\dfrac{3\pi}{4}+\dfrac{\pi}{2}\right)}=12\sqrt{3}\underline{/\dfrac{5\pi}{4}}.$

$$\frac{z_1}{z_2}=\frac{6}{2\sqrt{3}}\left/\left(\frac{3\pi}{4}-\frac{\pi}{2}\right)\right.=\sqrt{3}\left/\frac{\pi}{4}\right..$$

三、相量与复数计算的应用

日常生产和生活中大部分用电为交流电，交流电的电压、电流均是时间的正弦型函数，例如

$$u=U_m\sin(\omega t+\varphi_u),$$
$$i=I_m\sin(\omega t+\varphi_i).$$

上式中 u，i 分别称为正弦电压瞬时值、正弦电流瞬时值，常统称为正弦量.

正弦量 u，i 的特征由频率 $f=\frac{1}{T}$（或周期 $T=\frac{2\pi}{\omega}$）、最大值（即幅值，如上式中的 U_m 是电压最大值，I_m 是电流最大值）和初相位（如上式中的 φ_u，φ_i 分别为电压、电流的初相位）来确定. 频率（或周期）、最大值（幅值）、初相位是正弦量的三要素.

1. 相量

设复数 $z=re^{j(\omega t+\varphi)}$，则：

$$z=r\cos(\omega t+\varphi)+jr\sin(\omega t+\varphi).$$

显然，这个复数的虚部是正弦型函数，模是正弦型函数的最大值，幅角是正弦型函数的初相位（当 $\omega=0$ 时）. 仿照上述方式，电流、电压等正弦量可用复数表示：电流 $i=I_m\sin(\omega t+\varphi)$ 可表示为复数 $I_m\cos(\omega t+\varphi)+jI_m\sin(\omega t+\varphi)$，电压 $u=U_m\sin(\omega t+\varphi)$ 可以表示为复数 $U_m\cos(\omega t+\varphi)+jU_m\sin(\omega t+\varphi)$. 本书涉及的交流电路，激励和响应的频率是相同且固定的. 因此，这里的正弦量由最大值（或有效值）和初相位就可以确定. 相应地，表示正弦量的复数只体现模和幅角即可.

用来表示正弦量的最大值（或有效值）及初相位的复数称为相量. 为了与一般的复数相区别，常在表示相量的大写字母上加符号"·". 实践中，利用相量可较便利地进行正弦交流电路的分析和计算.

> 相量是由一个具有实际物理意义的正弦型函数演化而成的，它只是用于表示对应的正弦量，而不等于对应的正弦量.
>
> 只有在同频率正弦量的分析与计算中才可以采用相量表示法.

正弦电压 u 所对应的相量表示为：

$$\dot{U}_m=U_m e^{j\varphi_u}=U_m\left/\varphi_u\right.=U_m(\cos\varphi_u+j\sin\varphi_u),$$
$$\dot{U}=U e^{j\varphi_u}=U\left/\varphi_u\right.=U(\cos\varphi_u+j\sin\varphi_u).$$

这里的 U_m 是电压 u 的最大值（幅值），$\dot{U}_m$ 是电压 u 的最大值（幅值）相量；U 是电压 u 的有效值，$\dot{U}$ 是电压 u 的有效值相量. 显然，$\dot{U}_m=\sqrt{2}\dot{U}$.

正弦电流 i 所对应的相量表示为：

$$\dot{I}_m=I_m e^{j\varphi_i}=I_m\left/\varphi_i\right.=I_m(\cos\varphi_i+j\sin\varphi_i),$$
$$\dot{I}=I e^{j\varphi_i}=I\left/\varphi_i\right.=I(\cos\varphi_i+j\sin\varphi_i).$$

这里的 I_m 是电流 i 的最大值（幅值），$\dot{I}_m$ 是电流 i 的最大值（幅值）相量；I 是电流 i 的有效值，$\dot{I}$ 是电流 i 的有效值相量. 显然，$\dot{I}_m=\sqrt{2}\dot{I}$.

例 13 用相量表示下列正弦量：

(1) $u = [170\sin(377t + 15°)]$ V；

(2) $i = [17\sin(377t - 10°)]$ A.

一个复数的相量可以用复平面上的有向线段来表示，这种表示相量的图形称为相量图. 在相量图中，能够形象、直观地表达出各相量对应的正弦量的大小和相互之间的相位关系.

解：(1) 电压最大值相量 $\dot{U}_m = 170\underline{/15°}$ V，

电压有效值相量 $\dot{U} = 85\sqrt{2}\underline{/15°}$ V.

(2) 电流最大值相量 $\dot{I}_m = 17\underline{/-10°}$ A，

电流有效值相量 $\dot{I} = \dfrac{17\sqrt{2}}{2}\underline{/-10°}$ A.

例 14 在并联电路中，各支路电流分别为 $i_1 = 2\sin\left(10t + \dfrac{\pi}{6}\right)$ A，$i_2 = 4\sin\left(10t + \dfrac{\pi}{3}\right)$ A，求总正弦电流 $\dot{I} = \dot{I}_1 + \dot{I}_2$（结果用复数的代数形式表示，并保留两位小数）.

解： 因为对应于电流 i_1，i_2 的相量分别是

$$\dot{I}_1 = 2e^{j\frac{\pi}{6}} \text{ A}, \quad \dot{I}_2 = 4e^{j\frac{\pi}{3}} \text{ A}.$$

所以

$$\begin{aligned}
\dot{I} = \dot{I}_1 + \dot{I}_2 &= (2e^{j\frac{\pi}{6}} + 4e^{j\frac{\pi}{3}}) \text{ A} \\
&= \left[2\left(\cos\frac{\pi}{6} + j\sin\frac{\pi}{6}\right) + 4\left(\cos\frac{\pi}{3} + j\sin\frac{\pi}{3}\right)\right] \text{ A} \\
&= \left[2\left(\frac{\sqrt{3}}{2} + \frac{1}{2}j\right) + 4\left(\frac{1}{2} + \frac{\sqrt{3}}{2}j\right)\right] \text{ A} \\
&= (\sqrt{3} + j + 2 + 2\sqrt{3}j) \text{ A} \\
&= [(\sqrt{3} + 2) + (1 + 2\sqrt{3})j] \text{ A} \\
&\approx [(1.732 + 2) + (1 + 3.464)j] \text{ A} \\
&= (3.732 + 4.464j) \text{ A} \\
&\approx (3.73 + 4.64j) \text{ A}.
\end{aligned}$$

例 15 已知两个正弦交流电的电流分别是

$$i_1 = \left[\sqrt{3}\sin\left(100\pi t + \frac{\pi}{3}\right)\right] \text{ A}, \quad i_2 = \left[\sin\left(100\pi t - \frac{\pi}{6}\right)\right] \text{ A}.$$

求 $i = i_1 + i_2$ 的表达式.

解： i_1，i_2 的相量分别为

$$\dot{I}_1 = \sqrt{3}e^{j\frac{\pi}{3}} \text{ A}, \quad \dot{I}_2 = e^{-j\frac{\pi}{6}} \text{ A}.$$

$i = i_1 + i_2$ 的相量为 $\dot{I}$，则

$$\begin{aligned}
\dot{I} = \dot{I}_1 + \dot{I}_2 &= (\sqrt{3}e^{j\frac{\pi}{3}} + e^{-j\frac{\pi}{6}}) \text{ A} \\
&= \left\{\sqrt{3}\left(\cos\frac{\pi}{3} + j\sin\frac{\pi}{3}\right) + \left[\cos\left(-\frac{\pi}{6}\right) + j\sin\left(-\frac{\pi}{6}\right)\right]\right\} \text{ A} \\
&= \left[\sqrt{3}\cos\frac{\pi}{3} + \cos\frac{\pi}{6} + j\left(\sqrt{3}\sin\frac{\pi}{3} - \sin\frac{\pi}{6}\right)\right] \text{ A} \\
&= (\sqrt{3} + j) \text{ A} = 2e^{j\frac{\pi}{6}} \text{ A}.
\end{aligned}$$

故 $i = i_1 + i_2 = 2\sin\left(100\pi t + \dfrac{\pi}{6}\right)$ A.

例16 已知 $u_1=100\sqrt{2}\sin\left(\omega t+\dfrac{\pi}{3}\right)$ V，$u_2=50\sqrt{2}\sin\left(\omega t-\dfrac{\pi}{4}\right)$ V．求：（1）有效值相量 $\dot{U}_1$ 和 $\dot{U}_2$；（2）两电压之和的瞬时值 u．

解：（1）$\dot{U}_1=\dfrac{100\sqrt{2}}{\sqrt{2}}\left\lfloor\dfrac{\pi}{3}\right.$ V $=100\left\lfloor\dfrac{\pi}{3}\right.$ V $=100\mathrm{e}^{\mathrm{j}\frac{\pi}{3}}$ V

$\approx(50+\mathrm{j}86.6)$ V．

$\dot{U}_2=\dfrac{50\sqrt{2}}{\sqrt{2}}\left\lfloor-\dfrac{\pi}{4}\right.$ V $=50\left\lfloor-\dfrac{\pi}{4}\right.$ V $=50\mathrm{e}^{-\mathrm{j}\frac{\pi}{4}}$ V

$\approx(35.4-\mathrm{j}35.4)$ V．

（2）因为

$$\dot{U}=\dot{U}_1+\dot{U}_2=\left[(50+\mathrm{j}86.6)+(35.4-\mathrm{j}35.4)\right]\text{ V}$$
$$=(85.4+\mathrm{j}51.2)\text{ V}\approx99.6\underline{/30.9^\circ}\text{ V}=99.6\mathrm{e}^{\mathrm{j}30.9^\circ}\text{ V}.$$

所以

$$u=99.6\sqrt{2}\sin(\omega t+30.9^\circ)\text{ V}.$$

从上例可归纳出计算同频率正弦量合成的基本步骤如下：

（1）写出对应相量；

（2）将各相量化为复数的代数形式；

（3）进行复数的加减运算；

（4）将结果化成复数的三角形式（或指数形式），从而得到同频率正弦量的和．

2. 用复数计算阻抗、电流与电压

例17 已知电压幅值相量 $\dot{U}_\mathrm{m}=220\sqrt{2}\left(\cos\dfrac{\pi}{3}+\mathrm{j}\sin\dfrac{\pi}{3}\right)$ V 和复阻抗 $Z=(3-\mathrm{j}4)$ Ω．求电流幅值相量和电流瞬时值表达式（角度精确到 1°）．

解：因为

$$Z=(3-\mathrm{j}4)\text{ Ω}\approx5\left[\cos(-53^\circ)+\mathrm{j}\sin(-53^\circ)\right]\text{ Ω}.$$

所以

$$\dot{I}_\mathrm{m}=\frac{\dot{U}_\mathrm{m}}{Z}=\frac{220\sqrt{2}\left(\cos\dfrac{\pi}{3}+\mathrm{j}\sin\dfrac{\pi}{3}\right)}{5\left[\cos(-53^\circ)+\mathrm{j}\sin(-53^\circ)\right]}\text{ A}$$
$$=\frac{220\sqrt{2}\left(\cos60^\circ+\mathrm{j}\sin60^\circ\right)}{5\left[\cos(-53^\circ)+\mathrm{j}\sin(-53^\circ)\right]}\text{ A}$$
$$=44\sqrt{2}\left(\cos113^\circ+\mathrm{j}\sin113^\circ\right)\text{ A}.$$

由电流幅值相量 $\dot{I}_\mathrm{m}$ 的表达式可知：电流 i 的幅值大小为 $44\sqrt{2}$ A，初相位为 113°．电流瞬时值表达式为

$$i=44\sqrt{2}\sin(\omega t+113^\circ)\text{ A}.$$

例18 已知某元件具有 $u=10\sin 2t$ V，$i=2\sin(2t-30^\circ)$ A 的特征，求复阻抗 Z．

解：由已知条件，得

$$\dot{U}=\frac{10}{\sqrt{2}}\underline{/0^\circ}\text{ V}, \quad \dot{I}=\frac{2}{\sqrt{2}}\underline{/-30^\circ}\text{ A}.$$

因此，所求复阻抗为

$$Z = \frac{\dot{U}}{\dot{I}} = \frac{\frac{10}{\sqrt{2}} \underline{/0^\circ}}{\frac{2}{\sqrt{2}} \underline{/-30^\circ}} \ \Omega = 5 \underline{/30^\circ} \ \Omega.$$

例 19 在 RLC 串联电路中，已知电源频率为 $50\ \text{Hz}$，电阻 $R = 30\ \Omega$，电感 $L = 445\ \text{mH}$，电容 $C = 32\ \mu\text{F}$，求复阻抗 Z（结果用复数的代数形式表示，并保留一位小数）.

解： 在 RLC 串联电路中，总复阻抗为
$$Z = R + \text{j}X_L - \text{j}X_C = R + \text{j}\left(\omega L - \frac{1}{\omega C}\right).$$

将已知数据代入得
$$Z = \left[30 + \text{j}\left(2\pi \times 50 \times 0.445 - \frac{1}{2\pi \times 50 \times 32 \times 10^{-6}}\right)\right] \ \Omega$$
$$= \left[30 + \text{j}\left(44.5\pi - \frac{1}{3.2\pi \times 10^{-3}}\right)\right] \ \Omega$$
$$= \left[30 + \text{j}\left(44.5\pi - \frac{1\,000}{3.2\pi}\right)\right] \ \Omega$$
$$\approx (30 + \text{j}40.3) \ \Omega.$$

例 20 如图 $1 - 26$ 所示电阻、电感串联电路中，已知正弦电流 $i = 2\sqrt{2}\sin 20t\ \text{A}$，$R = 22\ \Omega$，$L = 1.65\ \text{H}$，试求正弦电压 $\dot{U}_R$，$\dot{U}_L$，$\dot{U}$.

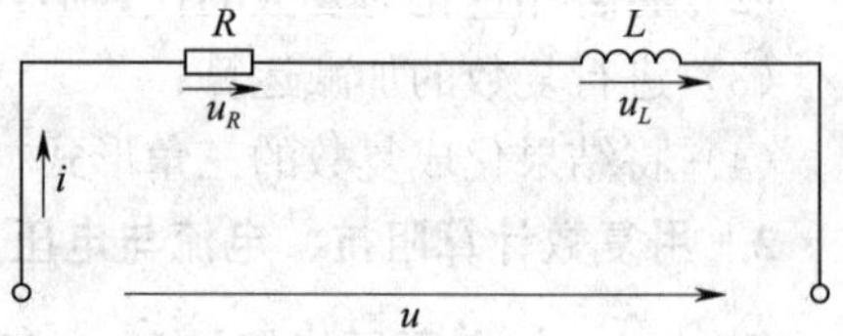

图 $1 - 26$

解： 正弦电流 $\dot{I} = 2\underline{/0^\circ}\ \text{A} = 2\ \text{A}$.

电感元件的感抗为：
$$X_L = \omega L = 20 \times 1.65\ \Omega = 33\ \Omega.$$

电阻电压为：
$$\dot{U}_R = R\dot{I} = 22 \times 2\underline{/0^\circ}\ \text{V} = 44\underline{/0^\circ}\ \text{V}.$$

电感电压为：
$$\dot{U}_L = \text{j}X_L\dot{I} = \text{j} \times 33 \times 2\ \text{V} = \text{j}66\ \text{V} = 66\underline{/90^\circ}\ \text{V}.$$

则
$$u_R = 44\sqrt{2}\sin 20t\ \text{V},$$
$$u_L = 66\sqrt{2}\sin(20t + 90^\circ)\ \text{V},$$
$$\dot{U} = \dot{U}_R + \dot{U}_L = (44\underline{/0^\circ} + 66\underline{/90^\circ})\ \text{V} = (44 + \text{j}66)\ \text{V} \approx 79\underline{/56.3^\circ}\ \text{V}.$$

例 21 有一个 RC 串联电路，已知 $u = 6\sqrt{2}\sin(\omega t - 76.8^\circ)\ \text{V}$，$R = 4\ \Omega$，$X_C = 3\ \Omega$，用符号法求电流 i，并画出 $\dot{I}$，$\dot{U}$ 的相量图.

解： 由 $u = 6\sqrt{2}\sin(\omega t - 76.8^\circ)\ \text{V}$，得
$$\dot{U} = 6\text{e}^{-\text{j}76.8^\circ}\ \text{V}.$$

串联电路的复阻抗为
$$Z = R - \text{j}X_C = (4 - \text{j}3)\ \Omega \approx \left(\sqrt{4^2 + 3^2}\,\text{e}^{-\text{j}36.9^\circ}\right)\ \Omega = 5\text{e}^{-\text{j}36.9^\circ}\ \Omega,$$
$$\dot{I} = \frac{\dot{U}}{Z} = \frac{6\text{e}^{-\text{j}76.8^\circ}}{5\text{e}^{-\text{j}36.9^\circ}}\ \text{A} = 1.2\text{e}^{-\text{j}39.9^\circ}\ \text{A}.$$

所以
$$i = 1.2\sqrt{2}\sin(\omega t - 39.9°) \text{ A}.$$

相量图如图 1-27 所示.

例 22 无源二端网络如图 1-28 所示，输入端的电压和电流分别为：

$$u = 220\sqrt{2}\sin(314t + 20°) \text{ V}, \quad i = 4.4\sqrt{2}\sin(314t - 33°) \text{ A},$$

试求此二端网络由两个元件串联的等效电路复阻抗 Z.

解：由已知条件，得

$$\dot{U} = 220\underline{/20°} \text{ V}, \quad \dot{I} = 4.4\underline{/-33°} \text{ A}.$$

因此，所求复阻抗为

$$Z = \frac{\dot{U}}{\dot{I}} = \frac{220\underline{/20°}}{4.4\underline{/-33°}} \ \Omega = 50\underline{/53°} \ \Omega$$

$$= (50\cos 53° + j\sin 53°) \ \Omega \approx (30 + j40) \ \Omega.$$

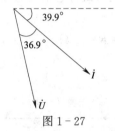

图 1-27

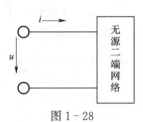

图 1-28

课后习题

1. 计算：

(1) $(3-2j)+(-3+4j)$；

(2) $(3+4j)+(5-3j)-(4+4j)$；

(3) $(3+2j)(4-3j)$；

(4) $(-8-7j)\div(1+j)$.

2. 设 $z_1 = 2e^{j\frac{\pi}{6}}$，$z_2 = \sqrt{2}e^{j\frac{\pi}{2}}$，计算：

(1) $z_1 + z_2$；

(2) $z_1 \cdot z_2$；

(3) $z_1 \div z_2$；

(4) $z_1^4 \div z_2^2$.

3. 计算：

(1) $\sqrt{2}\left(\cos\frac{\pi}{3} + j\sin\frac{\pi}{3}\right) \times 5\left(\cos\frac{\pi}{6} + j\sin\frac{\pi}{6}\right)$；

(2) $\sqrt{6}(\cos 10° + j\sin 10°) \times 4(\cos 110° + j\sin 110°)$；

(3) $\sqrt{6}(\cos 110° + j\sin 110°) \div \sqrt{2}(\cos 50° + j\sin 50°)$；

(4) $(\cos 10° + j\sin 10°)^9$.

4. 计算：

(1) $2\underline{/60°}\times10\underline{/-120°}$;

(2) $8\underline{/90°}\div2\underline{/45°}$.

5. 已知正弦电流所对应的正弦量用复数表示分别为 $\dot{I}_1=(3+j4)$ A，$\dot{I}_2=4.25\underline{/45°}$ A，求 $\dot{I}=\dot{I}_1+\dot{I}_2$.

6. 已知 $u_1=\sqrt{2}\sin\left(\omega t+\dfrac{\pi}{4}\right)$ V，$u_2=\sin\left(\omega t+\dfrac{\pi}{3}\right)$ V，求：

(1) 相量 $\dot{U}_1$，$\dot{U}_2$；   (2) u_1+u_2.

7. 已知元件两端电压 $u=50\sin(2t-30°)$ V，元件通过电流 $i=10\sin(2t+15°)$ A，求元件的复阻抗 Z.

8. 如题图 1-10 所示为某电路中的一个节点，已知 $i_1=10\sqrt{2}\sin(\omega t+60°)$ A，$i_2=5\sqrt{2}\sin(\omega t-90°)$ A，试求 i_3.

9. 已知相量 $\dot{I}_1=(2\sqrt{3}-j)$ A，$\dot{I}_2=(-2\sqrt{3}+j)$ A，试将它们化为极坐标形式，并写出相应的正弦量表达式 i_1，i_2（设频率 $f=50$ Hz）.

10. 电阻电容并联电路如题图 1-11 所示，已知 $R=5$ Ω，$C=0.1$ F，电源电压 $u=10\sqrt{2}\sin 2t$ V，试求电流 i_R，i_C 和 i.

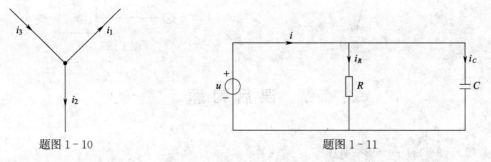

题图 1-10   题图 1-11

11. 如题图 1-12 所示为电工学中常见的 RLC 并联电路. 由并联电路的特点可知，总的复阻抗 Z 满足：$\dfrac{1}{Z}=\dfrac{1}{R}+\dfrac{1}{\omega Lj}-\dfrac{1}{\dfrac{1}{\omega C}j}$，其中角速度 $\omega=2\pi f$，求 $R=100$ Ω，$L=0.5$ H，$f=100$ Hz，$C=50\times10^{-6}$ F 时的复阻抗 Z.

12. 如题图 1-13 所示电路，已知 $U=100$ V，$R_1=4$ Ω，$R_2=6$ Ω，$X_L=3$ Ω，$X_C=8$ Ω，求总电流.

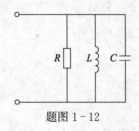

题图 1-12

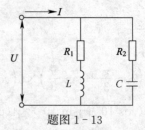

题图 1-13

13. 在 RLC 串联电路中，已知 $R=9.92$ Ω，$X_L=20$ Ω，$X_C=21$ Ω，$u=100\sqrt{2}\sin(\omega t+30°)$ V，用符号法求电流 i，并画出 $\dot{I}$，$\dot{U}$ 的相量图.

专题阅读　戴维南定理

在如图 1-29 所示的惠斯通电桥电路中，中间是一检流计 G，其电阻 $R_G=10\ \Omega$. 已知电阻 $R_1=R_2=5\ \Omega$，$R_3=10\ \Omega$，$R_4=5\ \Omega$，$E=12\ \mathrm{V}$. 试求检流计中的电流 I_G.

从图中，我们可以看出这个电路的支路数是 6 条，节点数有 4 个，所以应用基尔霍夫定律需要列出 6 个方程：

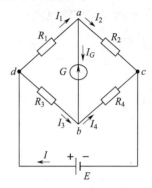

节点 a	$I_1-I_2-I_G=0$;
节点 b	$I_3+I_G-I_4=0$;
节点 c	$I_2+I_4-I=0$;
对回路 $abda$	$R_1I_1+R_GI_G-R_3I_3=0$;
对回路 $acba$	$R_2I_2-R_4I_4-R_GI_G=0$;
对回路 $dbcd$	$E=R_3I_3+R_4I_4$.

联立上面的 6 个方程并求解可以得到 $I_G=0.126\ \mathrm{A}$. 但是我们会发现当支路数较多而只求一条支路的电流时，用支路电流法计算极为烦琐. 此时我们若采用戴维南定理，则计算会变得更简单、直接.

图 1-29

戴维南定理是由法国科学家戴维南于 1883 年提出的一个电学定理，该定理的提出对光电科学的发展起到了一定的促进作用，也为电学知识的研究计算带来了方便.

为了加深对戴维南定理的理解，首先必须要了解以下这几个名词：

1. 二端网络：就是任何具有两个端口的部分电路.

2. 有源二端网络：就是含有电源的二端网络.

3. 无源二端网络：就是不含电源的二端网络.

下面图 1-30a 图虚线框内就是一个有源二端网络，可用图 1-30b 图表示.

戴维南定理指出，任何一个有源二端线性网络，就其外部而言都可以用一个等效电源来代替，这个等效电源的电动势 E 等于该网络的开路电压 U_0；内阻 r 等于该网络内所有电源不作用，仅保留其内阻时，网络两端的输入电阻（等效电阻）R_i. 根据该定理，可将图 1-30b 画成图 1-31.

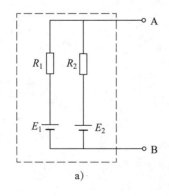

a)

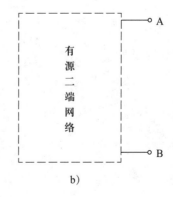

b)

图 1-30

戴维南定理的解题步骤如下：

1. 将待求解支路划出，求出有源二端网络的开路电压 U_0，令 $E = U_0$.

2. 求无源二端网络的等效电阻 R_i，即为等效电源的内阻 r.

3. 画出等效电压源电路（戴维南等效电路），并与待求解支路相接，然后根据闭合回路的欧姆定律或基尔霍夫电压定律，求出待求解支路中的电流：

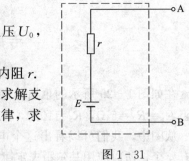

图 1-31

$$I = \frac{E}{r+R} = \frac{U_0}{R_i+R}.$$

第二章

三角函数及其应用

三角函数在生产实践中应用广泛，例如，对加工对象进行工艺分析，对零件的形状和位置尺寸进行分析计算，往往都要用这类数学工具. 因此，三角函数的应用是生产操作人员和其他各类工程技术人员应重点掌握的知识之一. 本章内容包括诱导公式、两角和与差的三角函数以及解直角三角形在生产实践中的应用，还包括正弦型函数在解决具有周期变化规律问题中的应用.

教学要求

1. 诱导公式

理解$-\alpha$，$\frac{\pi}{2}\pm\alpha$与α的三角函数关系，了解$\frac{3\pi}{2}\pm\alpha$与α的三角函数关系，结合专业课要求，掌握正弦型函数与余弦型函数间的转换方法.

2. 解直角三角形及其应用

熟悉求解直角三角形的基本方法，提高学生的计算和应用能力以及计算器的使用能力.

3. 两角和与差的三角函数

熟悉两角和与差的三角函数及二倍角公式，提高学生的实际应用能力.

4. 正弦型函数的应用

熟悉用"五点作图法"绘制正弦函数的图像，以便能通过变换得到正弦交流电波形图，并能正确求解正弦交流电的函数式.

§2-1 诱 导 公 式

我们已经学过了有关$\alpha+2k\pi$（$k\in\mathbf{Z}$），$-\alpha$，$\pi\pm\alpha$，$2\pi-\alpha$的诱导公式，本节我们通过回顾$-\alpha$与α的三角函数关系的推导过程，推导出有关$\frac{\pi}{2}\pm\alpha$及$\frac{3\pi}{2}\pm\alpha$的诱导公式.

一、$-\alpha$与α的三角函数关系

如图 2-1 所示，任意角α的终边与单位圆相交于点$P(x, y)$，角$-\alpha$的终边与单位圆相交于点P'. 这两个角的终边关于x轴对称，所以点P'的坐标是$(x, -y)$.

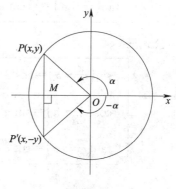

图 2-1

又因为 $r=1$，我们由三角函数的定义得：

$$\sin\alpha = y, \cos\alpha = x, \tan\alpha = \frac{y}{x},$$

$$\sin(-\alpha) = -y, \cos(-\alpha) = x, \tan(-\alpha) = \frac{-y}{x}.$$

从而得：

公式一

$$\begin{array}{l} \sin(-\alpha) = -\sin\alpha \\ \cos(-\alpha) = \cos\alpha \\ \tan(-\alpha) = -\tan\alpha \end{array}$$

二、$\frac{\pi}{2} \pm \alpha$ 与 α 的三角函数关系

如图 2-2 所示，任意角 α 的终边与单位圆相交于点 $P(x, y)$，角 $\frac{\pi}{2} + \alpha$ 的终边与单位圆相交于点 P'. 过点 P，P' 分别作 x 轴的垂线，垂足分别为 M 和 M'，则有 $|M'P'| = |OM|$，$|OM'| = |MP|$，故 P' 点的坐标为 $(-y, x)$.

由三角函数的定义得：

$$\sin\alpha = y, \cos\alpha = x, \tan\alpha = \frac{y}{x},$$

$$\sin\left(\frac{\pi}{2} + \alpha\right) = x, \cos\left(\frac{\pi}{2} + \alpha\right) = -y,$$

$$\tan\left(\frac{\pi}{2} + \alpha\right) = -\frac{x}{y}.$$

从而得：

公式二

$$\begin{array}{l} \sin\left(\frac{\pi}{2} + \alpha\right) = \cos\alpha \\ \cos\left(\frac{\pi}{2} + \alpha\right) = -\sin\alpha \\ \tan\left(\frac{\pi}{2} + \alpha\right) = -\cot\alpha \end{array}$$

公式三

$$\begin{array}{l} \sin\left(\frac{\pi}{2} - \alpha\right) = \cos\alpha \\ \cos\left(\frac{\pi}{2} - \alpha\right) = \sin\alpha \\ \tan\left(\frac{\pi}{2} - \alpha\right) = \cot\alpha \end{array}$$

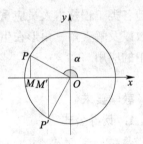

图 2-2

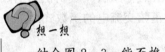

想一想

为什么 P' 点的坐标为 $(-y, x)$？

想一想

结合图 2-3，能否推导公式三？

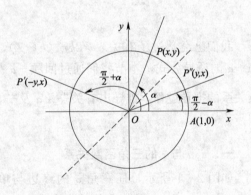

图 2-3

三、$\dfrac{3\pi}{2}\pm\alpha$ 与 α 的三角函数关系

类似地，我们可以得到：

公式四

$$\sin\left(\dfrac{3\pi}{2}-\alpha\right)=-\cos\alpha$$

$$\cos\left(\dfrac{3\pi}{2}-\alpha\right)=-\sin\alpha$$

$$\tan\left(\dfrac{3\pi}{2}-\alpha\right)=\cot\alpha$$

公式五

$$\sin\left(\dfrac{3\pi}{2}+\alpha\right)=-\cos\alpha$$

$$\cos\left(\dfrac{3\pi}{2}+\alpha\right)=\sin\alpha$$

$$\tan\left(\dfrac{3\pi}{2}+\alpha\right)=-\cot\alpha$$

例 1 设 $\theta\in\mathbf{R}$，则 $\cos\left(\theta-\dfrac{3\pi}{2}\right)$ 等于（　　）.

A. $\sin\left(\dfrac{3\pi}{2}-\theta\right)$　　　B. $\sin\left(\dfrac{3\pi}{2}+\theta\right)$　　　C. $\cos\left(\dfrac{\pi}{2}+\theta\right)$　　　D. $\cos\left(\dfrac{3\pi}{2}+\theta\right)$

解： 因为 $\cos\left(\theta-\dfrac{3\pi}{2}\right)=\cos\left[-\left(\dfrac{3\pi}{2}-\theta\right)\right]=\cos\left(\dfrac{3\pi}{2}-\theta\right)=-\sin\theta$.

A 选项 $\sin\left(\dfrac{3\pi}{2}-\theta\right)=-\cos\theta$.

B 选项 $\sin\left(\dfrac{3\pi}{2}+\theta\right)=-\cos\theta$.

C 选项 $\cos\left(\dfrac{\pi}{2}+\theta\right)=-\sin\theta$.

D 选项 $\cos\left(\dfrac{3\pi}{2}+\theta\right)=\sin\theta$.

所以选 C.

例 2 已知 $\cos x=\dfrac{3}{5}$，且 x 为锐角，求：

(1) $\cos\left(\dfrac{3\pi}{2}-x\right)$；　　　　　　　(2) $\sin\left(\dfrac{\pi}{2}+x\right)$.

解： 由 $\cos x=\dfrac{3}{5}$，且 x 为锐角，得

$$\sin x=\sqrt{1-\cos^2 x}=\sqrt{1-\left(\dfrac{3}{5}\right)^2}=\dfrac{4}{5}.$$

(1) $\cos\left(\dfrac{3\pi}{2}-x\right)=-\sin x=-\dfrac{4}{5}$.

(2) $\sin\left(\dfrac{\pi}{2}+x\right)=\cos x=\dfrac{3}{5}$.

例3 已知 $\sin\beta=\dfrac{1}{3}$，$\sin(\alpha+\beta)=1$，求 $\sin(2\alpha+\beta)$.

解： 因为 $\sin(\alpha+\beta)=1$，所以 $\alpha+\beta=2k\pi+\dfrac{\pi}{2}$ $(k\in\mathbf{Z})$.

故有

$$\sin(2\alpha+\beta)=\sin[2(\alpha+\beta)-\beta]=\sin\left[2\left(2k\pi+\dfrac{\pi}{2}\right)-\beta\right]$$

$$=\sin(4k\pi+\pi-\beta)=\sin\beta=\dfrac{1}{3}.$$

有关 $\alpha+2k\pi$ $(k\in\mathbf{Z})$，$\pi-\alpha$ 的诱导公式：

$$\sin(\alpha+2k\pi)=\sin\alpha \qquad\qquad \sin(\pi-\alpha)=\sin\alpha$$

$$\cos(\alpha+2k\pi)=\cos\alpha \qquad\qquad \cos(\pi-\alpha)=-\cos\alpha$$

例4 求 $\cos^2\left(\dfrac{\pi}{4}-\alpha\right)+\cos^2\left(\dfrac{\pi}{4}+\alpha\right)$.

解： $\cos^2\left(\dfrac{\pi}{4}-\alpha\right)+\cos^2\left(\dfrac{\pi}{4}+\alpha\right)=\cos^2\left[\dfrac{\pi}{2}-\left(\dfrac{\pi}{4}+\alpha\right)\right]+\cos^2\left(\dfrac{\pi}{4}+\alpha\right)$

$$=\sin^2\left(\dfrac{\pi}{4}+\alpha\right)+\cos^2\left(\dfrac{\pi}{4}+\alpha\right)=1.$$

例5 若 $f(\cos x)=\cos 17x$，求 $f(\sin x)$.

解： $f(\sin x)=f\left[\cos\left(\dfrac{\pi}{2}-x\right)\right]=\cos\left[17\left(\dfrac{\pi}{2}-x\right)\right]$

$$=\cos\left(4\times 2\pi+\dfrac{\pi}{2}-17x\right)=\cos\left(\dfrac{\pi}{2}-17x\right)=\sin 17x.$$

课 后 习 题

1. 已知 $\sin 20°=a$，求 $\sin 70°$，$\sin 110°$.

2. 已知 $\sin\left(\dfrac{\pi}{4}-\alpha\right)=\dfrac{3}{5}$，求 $\cos\left(\dfrac{\pi}{4}+\alpha\right)$.

3. 求 $\sin^2\left(\dfrac{\pi}{4}-x\right)+\sin^2\left(\dfrac{3\pi}{4}-x\right)$.

4. 不用计算器，求下列各式的值：

(1) $\dfrac{\cos 300°}{\tan 135°}$；(2) $\sin^2 10°+\sin^2 80°$；(3) $\lg(\tan 43°\tan 45°\tan 47°)$.

5. 已知 $i_1=10\sin(\omega t+60°)$，$i_2=5\cos(30°-\omega t)$，求 i_1+i_2.

6. 化简：$\dfrac{\cos\left(\dfrac{\pi}{2}+\alpha\right)\sin(\alpha+2\pi)}{\sin(\pi-\alpha)\cos\left(\dfrac{3\pi}{2}-\alpha\right)}$.

7. 已知 $\tan \alpha = 3$，求 $\dfrac{2\cos(\pi-\alpha)-3\sin(\pi+\alpha)}{4\cos(-\alpha)+\sin(2\pi-\alpha)}$.

8. 求证：$\dfrac{\sin\left(\dfrac{\pi}{2}+\alpha\right)-\cos\left(\dfrac{3\pi}{2}-\alpha\right)}{\tan(2k\pi-\alpha)+\cot(-k\pi+\alpha)}=\dfrac{\sin(4k\pi-\alpha)\sin\left(\dfrac{\pi}{2}-\alpha\right)}{\cos(5\pi+\alpha)-\cos\left(\dfrac{\pi}{2}+\alpha\right)}$ $(k\in\mathbf{Z})$.

§2-2 解直角三角形及其应用

三角形的三条边与三个角称为三角形的元素，在直角三角形 ABC 中，各元素之间的关系见下表.

图形	锐角关系	三边关系	边角关系	
			关系式	记忆方法
	$\angle A+\angle B=90°$	$a^2+b^2=c^2$	$\sin A=\dfrac{a}{c}$	$\sin A=\dfrac{对边}{斜边}$
			$\cos A=\dfrac{b}{c}$	$\cos A=\dfrac{邻边}{斜边}$
			$\tan A=\dfrac{a}{b}$	$\tan A=\dfrac{对边}{邻边}$

在三角形中，由已知的元素计算未知的元素，称为解三角形.

在直角三角形中，除直角以外的五个元素，知道其中两个元素（至少知道一条边）便能解直角三角形. 求解直角三角形方法见下表.

	已知条件	图形	解法
两边	两直角边 (a, b)		由 $c=\sqrt{a^2+b^2}$ 得 c 由 $\sin A=\dfrac{a}{c}$ 得 A 由 $90°-A$ 得 B
	一条直角边和斜边 (a, c)		由 $\sin A=\dfrac{a}{c}$ 得 A 由 $90°-A$ 得 B 由 $b=\sqrt{c^2-a^2}$ 得 b
一边一角	斜边和一个锐角 (c, A)		
	直角边和一个锐角 (a, A)		

同学们能完成表中的两个空格吗?

例1 如图 2-4 所示,某海关缉私艇在点 O 处发现在正北方向 30 海里的 A 处有一艘可疑船只,测得它正以 60 海里/小时的速度向正东方航行,缉私艇随即调整方向,以 75 海里/小时的速度准备在 B 处拦截,问:经过多少时间缉私艇能追上可疑船只. 沿怎样的方向航行?

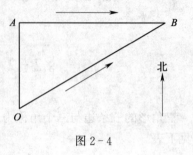

图 2-4

解:设经过 t 小时后能赶上,则

$$AB=60t,\ OB=75t,$$

又

$$AO^2+AB^2=OB^2,$$

所以

$$30^2+(60t)^2=(75t)^2,$$

即

$$t^2=\frac{30^2}{75^2-60^2}=\frac{900}{2\ 025}=\frac{4}{9}.$$

因为 $t>0$,所以

$$t=\frac{2}{3},$$

$$\cos\angle AOB=\frac{AO}{OB}=\frac{30}{75\times\frac{2}{3}}=0.6.$$

利用计算器求得

$$\angle AOB\approx53°08'.$$

综上,缉私艇 40 分钟可追上可疑船只,航行方向为北偏东 $53°08'$.

例2 如图 2-5a 所示,通电直导体放在磁场中会产生电磁力,如果通电导体的长度 $L=0.8$ m,电流方向与磁场方向的夹角 $\alpha=30°$,电流 $I=12$ A,磁感应强度 $B=0.5$ T,求电磁力 F.

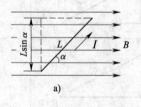

a)

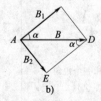

b)

图 2-5

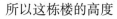

在磁场中，当通电直导线与磁场方向平行时，导线所受的电磁力 F 为零；当导线垂直于磁场方向时，它所受到的电磁力的大小等于磁感应强度 B、电流 I 及导线长度 L 的乘积，即 $F = BIL$. 当电流方向与磁场方向既不平行又不垂直时，应将磁场分解成与电流平行和垂直的两个方向，再用上述方法求电磁力.

解：如图 2-5b 所示，将磁感应强度 B 分解成与电流方向平行的 B_1 和垂直的 B_2. 则在 Rt$\triangle AED$ 中，$\angle ADE = \alpha$，$AE = AD\sin \alpha$.

故
$$B_2 = B\sin \alpha.$$

所以电磁力 F 的大小为
$$F = B_2 IL = BIL\sin \alpha$$
$$= 0.5 \times 12 \times 0.8 \times \sin 30° \text{ N}$$
$$= 2.4 \text{ N}.$$

例 3 如图 2-6 所示，小强从自己家的阳台 A 处，看一栋楼顶部 B 的仰角为 $30°$，看这栋楼底部 C 的俯角为 $60°$，小强家与这栋楼的水平距离 AD 为 42 m，求这栋楼的高度 BC.

解：在 Rt$\triangle ABD$ 中，$\angle BDA = 90°$，$\angle BAD = 30°$，$AD = 42$ m.

由 $\tan 30° = \dfrac{BD}{AD}$，可以得到
$$BD = AD\tan 30° = 42 \times \frac{\sqrt{3}}{3} = 14\sqrt{3} \text{ m}.$$

又在 Rt$\triangle ACD$ 中
$$\angle ADC = 90°，\angle CAD = 60°，AD = 42 \text{ m}.$$

由 $\tan 60° = \dfrac{DC}{AD}$，可以得到
$$DC = AD\tan 60° = 42 \times \sqrt{3} = 42\sqrt{3} \text{ m}.$$

所以这栋楼的高度
$$BC = BD + DC = 14\sqrt{3} + 42\sqrt{3} = 56\sqrt{3} \text{ m}.$$

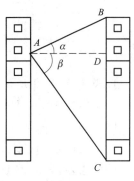

图 2-6

例 4 如图 2-7a 所示，在匀强磁场中放置一个通电的矩形线圈 $abcd$，其中线圈的 ab 和 cd 边与磁感线垂直. 线圈在电磁力 F_1，F_2 的作用下绕线圈轴线 OO' 顺时针方向旋转，若 $ab = cd = l_1$，$ad = bc = l_2$，求当线圈平面与磁感线夹角 $\alpha = 60°$ 时，电磁力 F_1，F_2 所产生的转矩 M.

解：在如图 2-7b 所示的 Rt$\triangle AOD$ 中，力偶 F_1，F_2 的力偶臂为
$$L = OD = AD\cos \alpha = L_{ad}\cos \alpha = l_2\cos \alpha.$$

线圈中边 ab 和边 cd 受到的磁场力为 $F_1 = F_2 = BIl_1$（B 为磁感应强度，I 为线圈中的电流强度），因此 F_1 与 F_2 构成一对力偶，其力偶臂为 L_{ad} 在垂直于磁场力方向上的投影.

所以

$$M=F_1L=F_1l_2\cos\alpha=BIl_1l_2\cos\alpha.$$

当 $\alpha=60°$ 时有

$$M=BIl_1l_2\cos 60°=\frac{1}{2}BIl_1l_2.$$

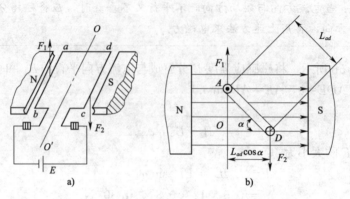

图 2-7

课 后 习 题

1. 如题图 2-1 所示，解下列直角三角形：

(1) 已知 $a=7$，$b=24$，求 c，A，B；

(2) 已知 $a=16$，$c=34$，求 b，A，B；

(3) 已知 $b=4\sqrt{3}$，$c=8$，求 a，A，B；

(4) 已知 $c=50$，$A=52°45'$，求 a，b，B；

(5) 已知 $a=8.6$，$A=59°19'$，求 b，c，B；

(6) 已知 $b=8$，$B=17°25'$，求 a，c，A.

2. 如题图 2-2 所示，东西两炮台 A，B 相距 2 000 m，同时发现入侵敌舰 C，炮台 A 测得敌舰 C 在它的南偏东 $30°$ 的方向，炮台 B 测得敌舰 C 在它的正南方，试求敌舰与两炮台的距离（精确到 1 m）。

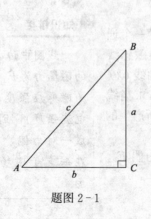

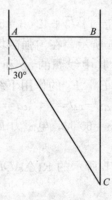

题图 2-1 题图 2-2

3. 如题图 2-3 所示，小山上有一座铁塔 AB. 在 D 处测得点 A 的仰角为 $\angle ADC = 60°$，点 B 的仰角为 $\angle BDC = 45°$；在 E 处测得 A 的仰角为 $\angle AED = 30°$，并测得 $DE = 90$ m. 求小山的高度 BC 和铁塔的高度 AB（精确到 0.1 m）.

4. 如题图 2-4 所示，一棵大树在一次强烈的地震中从离地面 10 m 处折断倒下，树顶落在离树根 24 m 处，问：大树在折断之前的高度是多少？

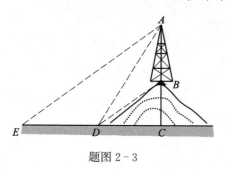

题图 2-3

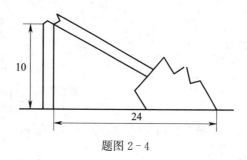

题图 2-4

§2-3　两角和与差的三角函数

两角和与差的正弦、余弦与正切公式如下：

$$\sin(\alpha \pm \beta) = \sin \alpha \cos \beta \pm \cos \alpha \sin \beta,$$

$$\cos(\alpha \pm \beta) = \cos \alpha \cos \beta \mp \sin \alpha \sin \beta,$$

$$\tan(\alpha \pm \beta) = \frac{\tan \alpha \pm \tan \beta}{1 \mp \tan \alpha \tan \beta}.$$

两角和与差的正切公式可以由两角和与差的正弦、余弦公式得到：

$$\tan(\alpha \pm \beta) = \frac{\sin(\alpha \pm \beta)}{\cos(\alpha \pm \beta)} = \frac{\sin \alpha \cos \beta \pm \cos \alpha \sin \beta}{\cos \alpha \cos \beta \mp \sin \alpha \cos \beta}$$

$$= \frac{\dfrac{\sin \alpha}{\cos \alpha} \pm \dfrac{\sin \beta}{\cos \beta}}{1 \mp \dfrac{\sin \alpha \sin \beta}{\cos \alpha \cos \beta}} = \frac{\tan \alpha \pm \tan \beta}{1 \mp \tan \alpha \tan \beta}$$

利用上述公式，可以把 $a \sin x \pm b \cos x$ $(a>0,\ b>0)$ 化为 $A \sin(x \pm \varphi)$ $\left(A>0,\ 0<\varphi<\dfrac{\pi}{2}\right)$ 的形式.

我们假设

$$a \sin x \pm b \cos x = A \sin(x \pm \varphi)\ (a>0,\ b>0),$$

由于

$$A \sin(x \pm \varphi) = A(\sin x \cos \varphi \pm \cos x \sin \varphi)$$

$$=A\cos\varphi\sin x\pm A\sin\varphi\cos x,$$

所以

$$\begin{cases} A\cos\varphi=a, \\ A\sin\varphi=b. \end{cases}$$

由此可得

$$A^2\cos^2\varphi+A^2\sin^2\varphi=a^2+b^2.$$

即

$$A^2=a^2+b^2\Rightarrow A=\sqrt{a^2+b^2}.$$

且有

$$\begin{cases} \cos\varphi=\dfrac{a}{A}, \\ \sin\varphi=\dfrac{b}{A}. \end{cases}$$

根据上述结果可确定唯一的锐角 φ.

想一想

$a\sin x\pm b\cos x=A\sin(x\pm\varphi)$ 中的 A, φ 是否可以由以 a, b 为直角边的直角三角形得到？

例1 把 $3\sin x-4\cos x$ 化为一个正弦型表达式.

解：因为 $A=\sqrt{3^2+4^2}=5$, 且有

$$\begin{cases} \cos\varphi=\dfrac{3}{5}, \\ \sin\varphi=\dfrac{4}{5}. \end{cases}$$

得

$$\varphi\approx53°.$$

所以

$$3\sin x-4\cos x\approx5\sin(x-53°).$$

例2 在处理交流电路时，常会遇到电流叠加计算的问题. 如图 2-8 所示的电路中，已知电流 $i_1=20\sin(\omega t+45°)$ A，$i_2=10\sin(\omega t-45°)$ A. 求总电流 i.

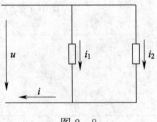

图 2-8

解：$i=i_1+i_2$

$=20\sin(\omega t+45°)+10\sin(\omega t-45°)$ A

$=20(\sin\omega t\cos45°+\cos\omega t\sin45°)+$

$\quad10(\sin\omega t\cos45°-\cos\omega t\sin45°)$ A

$=\left(20\times\dfrac{\sqrt{2}}{2}+10\times\dfrac{\sqrt{2}}{2}\right)\sin\omega t+$

$\quad\left(20\times\dfrac{\sqrt{2}}{2}-10\times\dfrac{\sqrt{2}}{2}\right)\cos\omega t$ A

$=15\sqrt{2}\sin\omega t+5\sqrt{2}\cos\omega t$ A

$\approx10\sqrt{5}\sin(\omega t+18.4°)$ A.

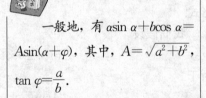

一般地，有 $a\sin\alpha+b\cos\alpha=A\sin(\alpha+\varphi)$，其中，$A=\sqrt{a^2+b^2}$，$\tan\varphi=\dfrac{a}{b}$.

下面讨论在两角和公式中，当 $\alpha=\beta$ 时的情况.

一、二倍角公式

在公式 $\sin(\alpha+\beta)=\sin\alpha\cos\beta+\cos\alpha\sin\beta$ 中，令 $\alpha=\beta$，则有：

$$\sin 2\alpha=\sin\alpha\cos\alpha+\cos\alpha\sin\alpha=2\sin\alpha\cos\alpha.$$

类似地，我们可以得到

$$\sin 2\alpha=2\sin\alpha\cos\alpha$$
$$\cos 2\alpha=\cos^2\alpha-\sin^2\alpha$$
$$\tan 2\alpha=\frac{2\tan\alpha}{1-\tan^2\alpha}$$

上述三个公式称为二倍角公式.

在二倍角公式中，2α 与 α 是二倍关系，而 4α 与 2α，α 与 $\frac{\alpha}{2}$ 也是二倍关系，只要满足二倍关系的角，上述二倍角公式均适用，如 $\sin\alpha=2\sin\frac{\alpha}{2}\cos\frac{\alpha}{2}$.

例3 （1）用 $\tan\alpha$ 表示 $\sin 2\alpha$；

（2）用 $\cos\alpha$ 表示 $\cos 3\alpha$.

解：（1）$\sin 2\alpha=2\sin\alpha\cos\alpha$

$$=\frac{2\sin\alpha\cos\alpha}{\cos^2\alpha+\sin^2\alpha}$$

$$=\frac{2\tan\alpha}{1+\tan^2\alpha}.$$

（2）$\cos 3\alpha=\cos(\alpha+2\alpha)$

$$=\cos\alpha\cos 2\alpha-\sin\alpha\sin 2\alpha$$

$$=\cos\alpha(2\cos^2\alpha-1)-2\sin^2\alpha\cos\alpha$$

$$=2\cos^3\alpha-\cos\alpha-2(1-\cos^2\alpha)\cos\alpha$$
$$=4\cos^3\alpha-3\cos\alpha.$$

例 4 如图 2-9 所示，从一块半径为 R 的圆形铝板上切割出一块矩形板，问：应怎样截取才能使矩形的面积为最大，并求出最大面积.

解：设圆的内接矩形为 $ABCD$，$\angle BAC=\alpha$ $\left(0\leqslant\alpha\leqslant\dfrac{\pi}{2}\right)$，如图 2-9 所示.

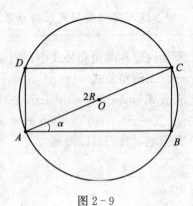

图 2-9

在 $\mathrm{Rt}\triangle ABC$ 中，$AB=2R\cos\alpha$，$BC=2R\sin\alpha$，所以内接矩形的面积

$$S=AB\cdot BC=2R\cos\alpha\cdot2R\sin\alpha$$
$$=2R^2\sin2\alpha.$$

当 $\sin2\alpha=1$ 时，$S=2R^2$ 是最大值，这时 $2\alpha=\dfrac{\pi}{2}$. 因此，$\alpha=\dfrac{\pi}{4}$ 时圆内接矩形面积最大，即圆内接矩形中，以内接正方形面积为最大.

例 5 已知 $\sin\left(x-\dfrac{\pi}{4}\right)=-\dfrac{5}{13}$，求 $\sin2x$ 的值.

解：$\sin2x=\cos\left(\dfrac{\pi}{2}-2x\right)=\cos\left[2\left(\dfrac{\pi}{4}-x\right)\right]$

$$=1-2\sin^2\left(\dfrac{\pi}{4}-x\right)=1-2\sin^2\left(x-\dfrac{\pi}{4}\right)$$

$$=1-2\times\left(-\dfrac{5}{13}\right)^2=\dfrac{119}{169}.$$

二、万能公式

对于 $\sin\alpha=2\sin\dfrac{\alpha}{2}\cos\dfrac{\alpha}{2}$，我们可以做如下变形：

$$\sin\alpha=2\sin\dfrac{\alpha}{2}\cos\dfrac{\alpha}{2}=\dfrac{2\sin\dfrac{\alpha}{2}\cos\dfrac{\alpha}{2}}{\sin^2\dfrac{\alpha}{2}+\cos^2\dfrac{\alpha}{2}}=\dfrac{\dfrac{2\sin\dfrac{\alpha}{2}}{\cos\dfrac{\alpha}{2}}}{\dfrac{\sin^2\dfrac{\alpha}{2}}{\cos^2\dfrac{\alpha}{2}}+1}=\dfrac{2\tan\dfrac{\alpha}{2}}{1+\tan^2\dfrac{\alpha}{2}}.$$

类似地，我们可以得到：

$$\sin\alpha=\dfrac{2\tan\dfrac{\alpha}{2}}{1+\tan^2\dfrac{\alpha}{2}},\quad \cos\alpha=\dfrac{1-\tan^2\dfrac{\alpha}{2}}{1+\tan^2\dfrac{\alpha}{2}},\quad \tan\alpha=\dfrac{2\tan\dfrac{\alpha}{2}}{1-\tan^2\dfrac{\alpha}{2}}$$

上述三个公式被称为万能公式.

例 6 已知 $\cos\dfrac{\alpha}{2}=\dfrac{4}{5}$，$\dfrac{\alpha}{2}$ 在第一象限，求 $\sin\alpha$，$\cos\alpha$ 和 $\tan\alpha$ 的值.

解：因为 $\cos\dfrac{\alpha}{2}=\dfrac{4}{5}$，$\dfrac{\alpha}{2}$ 在第一象限，所以

$$\sin\frac{\alpha}{2}=\sqrt{1-\cos^2\frac{\alpha}{2}}=\sqrt{1-\left(\frac{4}{5}\right)^2}=\frac{3}{5}.$$

故

$$\tan\frac{\alpha}{2}=\frac{\sin\dfrac{\alpha}{2}}{\cos\dfrac{\alpha}{2}}=\frac{\dfrac{3}{5}}{\dfrac{4}{5}}=\frac{3}{4}.$$

所以

$$\sin\alpha=\frac{2\tan\dfrac{\alpha}{2}}{1+\tan^2\dfrac{\alpha}{2}}=\frac{2\times\dfrac{3}{4}}{1+\left(\dfrac{3}{4}\right)^2}=\frac{24}{25},$$

$$\cos\alpha=\frac{1-\tan^2\dfrac{\alpha}{2}}{1+\tan^2\dfrac{\alpha}{2}}=\frac{1-\left(\dfrac{3}{4}\right)^2}{1+\left(\dfrac{3}{4}\right)^2}=\frac{7}{25},$$

$$\tan\alpha=\frac{2\tan\dfrac{\alpha}{2}}{1-\tan^2\dfrac{\alpha}{2}}=\frac{2\times\dfrac{3}{4}}{1-\left(\dfrac{3}{4}\right)^2}=\frac{24}{7}.$$

例 7 已知 $\dfrac{2\sin\theta+\cos\theta}{\sin\theta-3\cos\theta}=-5$，求 $3\cos 2\theta+4\sin 2\theta$ 的值.

解：由已知得

$$\cos\theta\neq 0\ (否则\ 2=-5).$$

且 $\dfrac{2\tan\theta+1}{\tan\theta-3}=-5$，解得

$$\tan\theta=2.$$

所以

$$原式=\frac{3(1-\tan^2\theta)}{1+\tan^2\theta}+\frac{4\times2\tan\theta}{1+\tan^2\theta}=\frac{3(1-2^2)}{1+2^2}+\frac{4\times2\times2}{1+2^2}=\frac{7}{5}.$$

课 后 习 题

1. 化简：

(1) $\cos\left(\dfrac{\pi}{6}-\alpha\right)-\sin\left(\dfrac{\pi}{3}-\alpha\right)$；　　(2) $\sin 13°\cos 343°+\sin 163°\cos 13°$；

(3) $\sin(\alpha+\beta)\cos\alpha-\cos(\alpha+\beta)\sin\alpha$；　　(4) $\cos 80°\cos 20°+\sin 80°\sin 20°$.

2. 把下列各式化成 $A\sin(\alpha+\varphi)$ 的形式：

(1) $\dfrac{\sqrt{3}}{2}\sin\alpha+\dfrac{1}{2}\cos\alpha$;　(2) $\sqrt{3}\sin\alpha-\cos\alpha$.

3. 不用计算器，求下列各式的值：

(1) $\sin 22.5°\cos 22.5°$;　(2) $\sin^2\dfrac{\pi}{12}-\cos^2\dfrac{\pi}{12}$;　(3) $1-2\sin^2 75°$.

4. 如题图 2-5 所示，若将半径为 R 的半圆形木料截成长方形. 试问：怎样截取可以使长方形截面的面积最大？

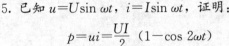

题图 2-5

5. 已知 $u=U\sin\omega t$，$i=I\sin\omega t$，证明：

$$p=ui=\dfrac{UI}{2}\ (1-\cos 2\omega t)$$

6. 已知 $\tan\left(\dfrac{\pi}{4}+\theta\right)=3$，求 $\sin 2\theta-\cos 2\theta-1$ 的值.

7. 求值：

(1) $\dfrac{2\cos 10°-\sin 20°}{\sin 70°}$;　(2) $\dfrac{\sin 75°+\cos 75°}{\sin 75°-\cos 75°}$.

8. 已知 $3\sin\beta=\sin(2\alpha+\beta)$ 且 $\tan\alpha=1$，求 $\tan(\alpha+\beta)$ 的值.

9. 已知 $\tan\alpha=3$，求 $2\sin^2\alpha-5\cos 2\alpha$ 的值.

10. 已知 $u_1=10\sqrt{2}\sin(\omega t+60°)$ V，$u_2=10\sqrt{2}\sin(\omega t+30°)$ V. 求 $u=u_1+u_2$.

§2-4 正弦型函数的应用

因为正弦型函数 $y=A\sin(\omega x+\varphi)+k$ 的图像可以由正弦函数 $y=\sin x$ 的图像经过一系列变换而得到，所以它又叫作正弦型曲线. 正弦型曲线在物理学、电学和工程技术中应用十分广泛.

> 这一正弦型函数的振幅是 A，周期 $T=\dfrac{2\pi}{\omega}$.

函数 $y=A\sin x$，$y=\sin(x+\varphi)$，$y=\sin\omega x$，$y=A\sin(\omega x+\varphi)$ 及 $y=A\sin(\omega x+\varphi)+k$ 的图像与正弦曲线 $y=\sin x$ 的关系可以归纳如下：

1. 函数 $y=A\sin x$（$x\in\mathbf{R}$，$A>0$ 且 $A\neq1$）的图像，可以看作把正弦曲线上所有点的纵坐标伸长（当 $A>1$ 时）或缩短（当 $0<A<1$ 时）到原来的 A 倍（横坐标不变）得到的；

2. 函数 $y=\sin(x+\varphi)$（$x\in\mathbf{R}$，$\varphi\neq0$）的图像，可以看作把正弦曲线上所有的点向左（当 $\varphi>0$ 时）或向右（当 $\varphi<0$ 时）平行移动$|\varphi|$个单位长度得到的；

3. 函数 $y=\sin\omega x$（$x\in\mathbf{R}$，$\omega>0$ 且 $\omega\neq1$）的图像，可以看作把正弦曲线上所有点的横坐标缩短（当 $\omega>1$ 时）或伸长（当 $0<\omega<1$ 时）到原来的 $\dfrac{1}{\omega}$ 倍（纵坐标不变）得到的；

4. 函数 $y=A\sin(\omega x+\varphi)$（$x\in\mathbf{R}$，$A>0$，$\omega>0$）的图像，可以看作把正弦曲线分别经过振幅和周期的变换以及所有点的左右平移得到的，总结规律如下：

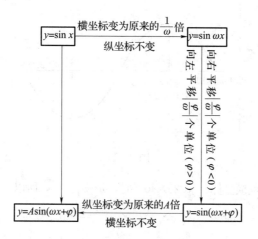

5. 函数 $y=A\sin(\omega x+\varphi)+k$（$x\in\mathbf{R}$，$A>0$，$\omega>0$）的图像，可以看作把正弦型曲线 $y=A\sin(\omega x+\varphi)$ 上所有的点向上（当 $k>0$ 时）或向下（当 $k<0$ 时）平行移动 $|k|$ 个单位长度得到的.

例 1 利用坐标变换的方法，根据 $y=\sin x$ 的图像画出正弦型函数 $y=3\sin\left(2x-\dfrac{\pi}{4}\right)$ 的图像.

解：（1）先把 $y=\sin x$ 图像上所有点的横坐标缩小到原来的 $\dfrac{1}{2}$，保持纵坐标不变，得到正弦型函数 $y=\sin 2x$ 的图像.

（2）因为 $y=\sin\left(2x-\dfrac{\pi}{4}\right)=\sin 2\left(x-\dfrac{\pi}{8}\right)$，所以把 $y=\sin 2x$ 图像上的所有点向右平移 $\dfrac{\pi}{8}$ 个单位，得到正弦型函数 $y=\sin\left(2x-\dfrac{\pi}{4}\right)$ 的图像.

（3）把 $y=\sin\left(2x-\dfrac{\pi}{4}\right)$ 图像上所有点的纵坐标扩大到原来的 3 倍，保持横坐标不变，得到正弦型函数 $y=3\sin\left(2x-\dfrac{\pi}{4}\right)$ 的图像.

结果如图 2-10 所示.

例 2 已知一正弦电流 $i(\mathrm{A})$ 随时间 $t(\mathrm{s})$ 的部分变化曲线如图 2-11 所示，试写出 i 与 t 的函数关系式.

解：由于已知曲线是正弦型曲线，所以设所求函数关系式为：

$$i=A\sin(\omega t+\varphi).$$

由图可知，正弦电流 i 的最大值为 30 A，周期 $T=2.25\times10^{-2}-0.25\times10^{-2}=2\times10^{-2}$ s.

因为周期 $T=\dfrac{2\pi}{\omega}$，所以

$$\omega=\frac{2\pi}{T}=\frac{2\pi}{2\times10^{-2}}=100\pi \text{ rad/s}.$$

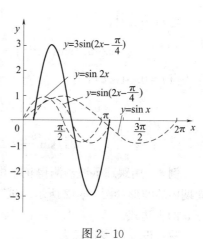

图 2-10

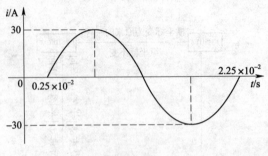

图 2-11

由图可以看出，当起点横坐标 $t=0.25\times10^{-2}$ 时，$\omega t+\varphi=0$，所以

$$\varphi=-\omega t=-100\pi\times0.25\times10^{-2}=-0.25\pi=-\frac{\pi}{4}.$$

故所求函数关系式为

$$i=30\sin\left(100\pi t-\frac{\pi}{4}\right)\text{ A}.$$

例3 已知正弦交流电压 u（V）与 t（s）的函数关系式为 $u=311\sin\left(314t-\dfrac{\pi}{6}\right)$，写出电压的最大值、周期、频率和初相位以及当 $t=0$ s 和 $t=0.01$ s 时电压的瞬时值.

解： 电压 u 的最大值为

$$U_\mathrm{m}=311\text{ V}.$$

周期为

$$T=\frac{2\pi}{\omega}=\frac{2\pi}{314}\approx0.02\text{ s}.$$

频率为

$$f=\frac{1}{T}=\frac{1}{0.02}=50\text{ Hz}.$$

初相位为

$$\varphi=-\frac{\pi}{6}.$$

当 $t=0$ s 时，

$$u=311\sin\left(-\frac{\pi}{6}\right)=-155.5\text{ V}.$$

当 $t=0.01$ s 时，

$$u=311\sin\left(314\times0.01-\frac{\pi}{6}\right)$$

$$\approx311\sin\frac{5\pi}{6}=155.5\text{ V}.$$

例4 用跟踪示波器测得正弦电压在一个周期内的波形如图 2-12 所示. 试写出交流电压 u 的表达式.

解： 设 u 的表达式为

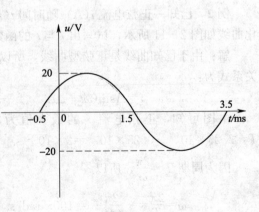

图 2-12

$$u = U_m \sin(\omega t + \varphi).$$

观察波形图得：

（1）周期和频率

$$T = 3.5 \times 10^{-3} - (-0.5 \times 10^{-3})$$
$$= 4 \times 10^{-3} \text{ s},$$
$$\omega = \frac{2\pi}{T} = \frac{2\pi}{4 \times 10^{-3}} = 500\pi \text{ rad/s}.$$

（2）最大值

$$U_m = 20 \text{ V}.$$

（3）初相位

由图可知，当 $t = -0.5 \times 10^{-3}$ s 时，$\omega t + \varphi = 0$，所以

$$t = -\frac{\varphi}{\omega} = -0.5 \times 10^{-3} \text{ s}.$$

即

$$\varphi = -\omega \times (-0.5 \times 10^{-3})$$
$$= -500\pi \times (-0.5 \times 10^{-3}) = 0.25\pi = \frac{\pi}{4}.$$

做这类题的关键是根据正弦量的波形图找出它的振幅、周期和起点坐标，然后求出相应的 A、ω、φ，即可写出函数表达式.

于是 u 的表达式为

$$u = 20\sin\left(500\pi t + \frac{\pi}{4}\right) \text{ V}.$$

在正弦交流电中，电压和电流都是同频率的正弦量，分析电路时常常要比较它们的相位. 两个同频率正弦量的相位之差称为相位差，用 φ 表示.

设有两个同频率的正弦量为

$$u = U_m \sin(\omega t + \varphi_u),$$
$$i = I_m \sin(\omega t + \varphi_i).$$

则 u 和 i 之间的相位差为

$$\varphi = (\omega t + \varphi_u) - (\omega t + \varphi_i)$$
$$= \varphi_u - \varphi_i.$$

相位差的存在表示两个正弦量的变化进程不同.

可见，两个同频率正弦量的相位差 φ 等于它们的初相位之差，其范围为 $|\varphi| \leqslant \pi$.

例 5 已知电流 $i_1 = 36\sin(\omega t + 30°)$ A，$i_2 = 24\sin(\omega t - 15°)$ A，$i_3 = 48\sin \omega t$ A，试比较它们三者之间的相位关系.

解：因为

$$\varphi_1 = 30°, \quad \varphi_2 = -15°, \quad \varphi_3 = 0°.$$

i_3 的初相位为零，则可把它作为参考量，三者之间的相位关系为：

$\Delta \varphi = \varphi_1 - \varphi_3 = 30°$，即 i_1 超前 i_3 30°；

$\Delta \varphi' = \varphi_2 - \varphi_3 = -15°$，即 i_2 滞后 i_3 15°；

$\Delta \varphi'' = \varphi_1 - \varphi_2 = 45°$，即 i_1 超前 i_2 45°.

课后习题

1. 画出下列函数在一个周期内的简图：

(1) $y=2\sin\left(\dfrac{1}{2}x-\dfrac{\pi}{3}\right)$；　(2) $y=2\sin\left(3x+\dfrac{\pi}{6}\right)$；

(3) $y=\sqrt{3}\sin\left(\dfrac{1}{2}x+\dfrac{\pi}{4}\right)$；　(4) $y=\dfrac{1}{2}\sin\left(2x-\dfrac{\pi}{4}\right)$．

2. 画出函数 $y=2\sin\left(\dfrac{1}{2}x-\dfrac{\pi}{6}\right)$ 在一个周期内的简图，并根据图像回答下列问题：

(1) y 的最大值是多少？y 取得最大值时，x 的值是多少？

(2) y 的最小值是多少？y 取得最小值时，x 的值是多少？

(3) y 的振幅 A、周期 T、频率 f、初相位 φ 分别是多少？

3. 已知某广播电台第一套广播的频率是 610 kHz，试求它的周期和角频率．

4. 计算下列各正弦波的相位差：

(1) $u_1=4\sin(60t+10°)$ V 和 $u_2=8\sin(60t-100°)$ V；

(2) $u=-3\sin(20t+45°)$ V 和 $i=4\sin(20t+270°)$ A；

(3) $u_1=20\sin\left(314t+\dfrac{\pi}{6}\right)$ V 和 $u_2=40\sin\left(314t-\dfrac{\pi}{3}\right)$ V；

(4) $i_1=4\sin(314t+90°)$ A 和 $i_2=6\sin(314t-90°)$ A．

5. 如题图 2-6 所示为电流波形图，请分别写出电流 i 的瞬时表达式．

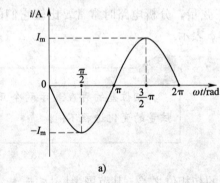 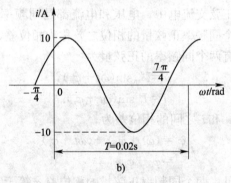

题图 2-6

6. 如题图 2-7 所示，试写出正弦交流电动势 e(V) 随时间 t(s) 变化的表达式，并求出 $t=0$ s 时的初始值 e_0．

7. 已知正弦交流电 i(A) 与时间 t(s) 的函数关系式为 $i=\sin(1\,000t+30°)$ A，试求其最大值、角频率、频率与初相位角，以及该电流经多少时间后第一次出现最大值．

8. 已知一正弦电流的振幅 $I_m=2$ A，频率 $f=50$ Hz，初相位 $\varphi=\dfrac{\pi}{6}$，请写出它的三角函数式，并绘出它的波形图．

9. 有一正弦交流电 i(A) 与时间 t(s) 的函数关系式为 $i=10\sin(\omega t+60°)$ A，$f=50$ Hz，试问：在 $t=0.02$ s 和 $t=0.01$ s 时，电流的瞬时值是多少？

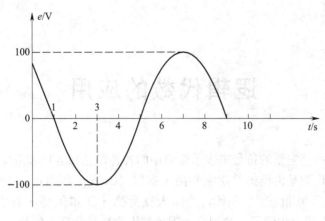

题图 2-7

专题阅读　为什么圆周是 360°

6 000 年前，美索不达米亚人发明了车轮．他们非常喜爱 60，认为这是个容易分割的数字．后来他们把 60 的数字体系传给了古埃及人，古埃及人正是应用这种思想把圆周分成了 360 份．

360° 圆周的诞生过程很有意思：古埃及人喜爱等边三角形，6 个等边三角形恰好能构成一个近似的圆形．在这个圆形的圆心处，汇聚了等边三角形的 6 个角，每个角是 60°，加在一起正好是 360°．

古埃及人还首次提出了一年 360 天的历法，这与目前的历法相比，误差还不到 6 天．360 度的圆周不仅经受住了时间的考验，而且还被用来标记时间．

当人们第一次将时间记录在圆周上时，自然而然地把 1 小时划分为 60 分钟，1 分钟划分为 60 秒．假设古人把某颗恒星在相邻两天同一时刻所在方位的角距离定为一度，那么这颗恒星运行一周的度数就等于一年的天数．这样一个周角就划分成 365.242 5 度，一个平角就是 182.621 25 度，一个直角就是 91.310 625 度．很明显，这种分法用在计算上很麻烦，后来就被简化成 360°，随之很多特殊角的度数就都成了整数，用起来也就方便多了．

第三章

逻辑代数的应用

逻辑代数利用一套完整的符号来表示逻辑中的各种概念和运算，是反映和处理逻辑关系的数学工具．逻辑代数是由英国数学家乔治·布尔（George Bool）在 19 世纪中叶创立的，所以又称布尔代数．20 世纪 30 年代，美国人克劳德·艾尔伍德·香农（Claude Elwood Shannon）在开关电路中找到了它的用途，因此逻辑代数又称开关代数．

与普通代数相比，逻辑代数中逻辑变量取值只有 0，1．这里的 0，1 不代表数值大小，仅表示两种逻辑状态（如电位的高低、开关的闭合与断开等）．逻辑代数中有些规则和公式与普通代数相同，有些则完全不同．

本章介绍逻辑代数的概念、运算及表示方法，并通过实例说明逻辑代数是如何应用于电学的．

教学要求

1. 数制与码制

理解数制的有关概念，掌握各种数制的转换．

2. 逻辑函数及其表示法

结合典型逻辑电路，掌握基本逻辑运算及逻辑函数的表示方法，理解常用的复合逻辑运算．

3. 逻辑代数的公式化简

掌握逻辑代数公式及逻辑代数的公式化简法，理解逻辑代数基本定律．

§3-1 数制与码制

在度量角度（如 $\alpha = 54°38'12''$）时，我们采用了"度、分、秒"制，其中度、分、秒之间是六十进制．除此之外，生活中我们还使用了许多其他数制，例如，使用最多的十进制，计算机中使用的二进制、八进制和十六进制等，我国古代的"十六两秤"中所使用的是十六进制等．它们虽然各不相同，但却有共同的特点，并且可以相互转换．

一、数制

数制也称计数制，是用一组固定的符号和统一的规则来表示数值的方法．日常生活中遇到的数制有十进制、二进制、八进制和十六进制等，常用的是十进制．

观察下面的十进制数，并归纳它们的特点：

357，1 476.043，909 777 505，0.000 245 8.

(1) 十进制所使用的数码为 _____，_____，_____，_____，_____，_____，_____，_____，_____，_____，共计 _____ 个.

(2) 十进制的进位规律为 _____.

不同的数制都有类似的特点，即都有数码、基数和位权三个要素.

数码：数制中表示基本数值大小的不同数字符号. 例如，十进制有 10 个数码，分别是 0，1，2，3，4，5，6，7，8，9.

基数：数制所使用数码的个数. 例如，二进制的基数为 2；十进制的基数为 10.

位权：数制中每一固定位置对应的单位值. 例如，十进制的 123，1 的位权是 100，2 的位权是 10，3 的位权是 1.

为了区别各种不同进位制的数，在每个数的右下角加注一个数字（或英文字母）下标来表示相应的数制. 例如：

二进制数：$(110.01)_2$，$(1011.11)_B$；

八进制数：$(13.75)_8$，$(20.675)_O$；

十进制数：$(561.2)_{10}$，$(468.02)_D$；

十六进制数：$(98501.24)_{16}$，$(32004.89)_H$.

二进制、八进制、十进制和十六进制的有关描述见下表.

进制	数码	基数	规则	符号	表示形式
二进制	0，1	2	逢二进一	B	$(B)_2 = B_n \times 2^{n-1} + \cdots + B_1 \times 2^0 + B_{-1} \times 2^{-1} + \cdots + B_{-m} \times 2^{-m}$
八进制	0～7	8	逢八进一	O	$(O)_8 = O_n \times 8^{n-1} + \cdots + O_1 \times 8^0 + O_{-1} \times 8^{-1} + \cdots + O_{-m} \times 8^{-m}$
十进制	0～9	10	逢十进一	D	$(D)_{10} = D_n \times 10^{n-1} + \cdots + D_1 \times 10^0 + D_{-1} \times 10^{-1} + \cdots + D_{-m} \times 10^{-m}$
十六进制	0～9 A～F	16	逢十六进一	H	$(H)_{16} = H_n \times 16^{n-1} + \cdots + H_1 \times 16^0 + H_{-1} \times 16^{-1} + \cdots + H_{-m} \times 16^{-m}$

1. 十进制

十进制是我们最常用的数制，任何一个十进制数都可以用下面的方法来表示：

$$(475.31)_{10} = 4 \times 10^2 + 7 \times 10^1 + 5 \times 10^0 + 3 \times 10^{-1} + 1 \times 10^{-2}.$$

观察上面的表达式可以发现，十进制的位数由 10^i 来确定，此时称 10^i 为十进制的权，上面的表达式称为十进制的按权展开式.

2. 二进制

使用二进制数表示只有两种状态的情况非常方便. 例如, 观察路口的红绿灯, 如果规定灯亮用 1 表示, 灯灭用 0 表示, 红绿灯的各种状态见下表.

红灯	黄灯	绿灯	车辆通行状态
1	0	0	禁止通行
0	1	0	禁止通行
0	0	1	通行

此时可以用二进制数 100, 010, 001 中的某一个来描述某十字路口的车辆通行状态.

如果有 10 间教室, 规定从左向右数, 教室灯亮用 1 表示, 灯灭用 0 表示, 那么二进制数 1110010101 就表示了这 10 间教室灯光的一种状态.

例 1 将下列各数按权展开:

$(1110.101)_2$; $(4\ 746.286)_{10}$.

解: $(1110.101)_2 = 1 \times 2^3 + 1 \times 2^2 + 1 \times 2^1 + 0 \times 2^0 + 1 \times 2^{-1} + 0 \times 2^{-2} + 1 \times 2^{-3}$.

$(4\ 746.286)_{10} = 4 \times 10^3 + 7 \times 10^2 + 4 \times 10^1 + 6 \times 10^0 + 2 \times 10^{-1} + 8 \times 10^{-2} + 6 \times 10^{-3}$.

> 对比二进制和十进制的按权展开式可以发现, 展开的形式完全相同, 不同的只是它们的权, 二进制的权是 2^i, 十进制的权是 10^i, 那么八进制的权就是 8^i, 十六进制的权就是 16^i.

每一位十六进制数相当于 4 位二进制数. 因此, 在数字电子计算机的资料中常用十六进制, 克服了二进制数当位数较多时不便于书写、记忆且容易出错的缺点.

十进制、二进制、八进制、十六进制数之间的对应关系见下表.

十进制	二进制	八进制	十六进制	十进制	二进制	八进制	十六进制
0	0000	0	0	8	1000	10	8
1	0001	1	1	9	1001	11	9
2	0010	2	2	10	1010	12	A
3	0011	3	3	11	1011	13	B
4	0100	4	4	12	1100	14	C
5	0101	5	5	13	1101	15	D
6	0110	6	6	14	1110	16	E
7	0111	7	7	15	1111	17	F

3. 其他进制与十进制间的转换

(1) 其他进制转换为十进制.

只要将其他进制数按权展开, 然后各项相加, 就能得到相应的十进制数.

例 2 $(1110.101)_2 = (?)_{10}$; $(567)_8 = (?)_{10}$; $(9AF)_{16} = (?)_{10}$.

解: 分别按权展开, 得

$(1110.101)_2 = 1 \times 2^3 + 1 \times 2^2 + 1 \times 2^1 + 0 \times 2^0 + 1 \times 2^{-1} + 0 \times 2^{-2} + 1 \times 2^{-3}$

$$= 8 + 4 + 2 + 0.5 + 0.125$$
$$= (14.625)_{10}.$$
$$(567)_8 = 5 \times 8^2 + 6 \times 8^1 + 7 \times 8^0$$
$$= (375)_{10}.$$
$$(9AF)_{16} = 9 \times 16^2 + 10 \times 16^1 + 15 \times 16^0$$
$$= (2\,479)_{10}.$$

（2）十进制转换成其他进制.

将十进制数转化为任意进制数，需要对整数部分和小数部分分别进行转化.

整数部分：采用基数除法，即"除 N（N 为要转换的进制基数）取余法"，除到商为 0 为止. 将所得到的余数以最后一个余数为最高位，依次排列便可得到相应的进制数.

小数部分：采用基数乘法，把要转换数的小数部分乘以新进制的基数，把得到的整数部分作为新进制小数部分的最高位；将上一步得到的小数部分再乘以新进制的基数，把整数部分作为新进制小数部分的次高位；继续上一步，直到小数部分为零或达到所要求的精度为止.

例 3 （1）$(29)_{10} = (?)_2$；（2）$(0.375)_{10} = (?)_2$；（3）$(29.375)_{10} = (?)_2$；
（4）$(185)_{10} = (?)_8$；（5）$(3\,981)_{10} = (?)_{16}$.

解：（1）解题过程可写成以下左右两种格式.

除式	商数	余数	
29/2	14	1	最低位
14/2	7	0	
7/2	3	1	
3/2	1	1	
1/2	0	1	最高位

所以 $(29)_{10} = (11101)_2$.

（2）解题过程可写成以下表格形式.

相乘	纯小数部分	整数部分
$2 \times 0.375 = 0.75$	0.75	0
$2 \times 0.75 = 1.5$	0.5	1
$2 \times 0.5 = 1.0$	0	1

小数部分转换成八进制和十六进制也采用同样的方法，只不过相乘的基数分别为 8 与 16.

所以 $(0.375)_{10} = (0.011)_2$.

（3）将整数部分和小数部分分别按上述方法转换即可.

所以 $(29.375)_{10} = (11101.011)_2$.

（4）解题过程可写成以下左右两种格式.

除式	商数	余数	
185/8	23	1	最低位
23/8	2	7	
2/8	0	2	最高位

所以 $(185)_{10} = (271)_8$.

（5）解题过程可写成以下左右两种格式.

除式	商数	余数	
3 981/16	248	13	最低位
248/16	15	8	
15/16	0	15	最高位

```
16 | 3 981      余数
16 |   248      13（D）
16 |    15       8
         0      15（F）
```

所以 $(3\ 981)_{10} = (F8D)_{16}$.

4. 二进制与八进制间的转换

（1）二进制转换为八进制.

二进制转换为八进制时要将"三位二进制合一位八进制"，即把要转换的二进制以小数点为基准，整数部分从右至左，小数部分从左至右，每三位一组，不足三位时，整数部分在高位补 0，小数部分在低位补 0. 然后，把每一组二进制数用一位相应的八进制数表示，小数点位置不变，即可得到八进制数.

例 4 $(10101.1011)_2 = (?)_8$；$(11011111.0111)_2 = (?)_8$.

解：

$$(010 \quad 101 \quad . \quad 101 \quad 100)_2$$
$$\downarrow \quad\quad \downarrow \quad\quad\quad \downarrow \quad\quad \downarrow$$
$$(2 \quad\quad 5 \quad . \quad 5 \quad\quad 4)_8$$

所以 $(10101.1011)_2 = (25.54)_8$.

$$(011 \quad 011 \quad 111 \quad . \quad 011 \quad 100)_2$$
$$\downarrow \quad\quad \downarrow \quad\quad \downarrow \quad\quad\quad \downarrow \quad\quad \downarrow$$
$$3 \quad\quad 3 \quad\quad 7 \quad . \quad 3 \quad\quad 4$$

所以 $(11011111.0111)_2 = (337.34)_8$.

（2）八进制转换为二进制.

八进制转换为二进制时，把上面的过程逆过来即可. 即"一位拆三位"，把一位八进制数写成对应的三位二进制数，然后按权连接.

例 5 $(7\ 631.3)_8 = (?)_2$

解：

$$(7 \quad 6 \quad 3 \quad 1 \quad . \quad 3)_8$$
$$\downarrow \quad \downarrow \quad \downarrow \quad \downarrow \quad\quad \downarrow$$
$$(111 \quad 110 \quad 011 \quad 001 \quad . \quad 011)_2$$

所以 $(7\ 631.3)_8 = (111110011001.011)_2$.

5. 二进制与十六进制间的转换

（1）二进制转换为十六进制.

二进制转换为十六进制时要将"四位二进制合一位十六进制"，即把要转换的二进制以小数点为基准，整数部分从右至左，小数部分从左至右，每四位一组，不足四位时，整数部分在高位补 0，小数部分在低位补 0. 然后，把每一组二进制数用一位相应的十六进制数表示，小数点位置不变，即可得到十六进制数.

例 6 $(10110101010111011)_2 = (?)_{16}$；

$(11010011111.01111)_2 = (?)_{16}$.

解：

$$(0\ 001\quad 0\ 110\quad 1\ 010\quad 1\ 011\quad 1\ 011)_2$$
$$\downarrow\qquad\quad\downarrow\qquad\quad\downarrow\qquad\quad\downarrow\qquad\quad\downarrow$$
$$(1\qquad\quad 6\qquad\quad A\qquad\quad B\qquad\quad B)_{16}$$

所以 $(10110101010111011)_2 = (16ABB)_{16}$.

$$(0\ 110\quad 1\ 001\quad 1\ 111.011\ 1\quad 1\ 000)_2$$
$$\downarrow\qquad\quad\downarrow\qquad\quad\downarrow\ \ \downarrow\qquad\quad\downarrow$$
$$6\qquad\quad 9\qquad\quad F.\ 7\qquad\quad 8$$

所以 $(11010011111.01111)_2 = (69F.78)_{16}$.

（2）十六进制转换为二进制.

十六进制转换为二进制时，把上面的过程逆过来即可. 即"一位拆四位"，把一位十六进制数写成对应的四位二进制数，然后按权连接.

例 7 $(B4F7)_{16} = (?)_2$；

$(FA63.7)_{16} = (?)_2$.

解：

$$(B\qquad\quad 4\qquad\quad F\qquad\quad 7)_{16}$$
$$\downarrow\qquad\quad\downarrow\qquad\quad\downarrow\qquad\quad\downarrow$$
$$(1\ 011\quad 0\ 100\quad 1\ 111\quad 0\ 111)_2$$

所以 $(B4F7)_{16} = (1011010011110111)_2$.

$$(F\qquad A\qquad 6\qquad 3\qquad .\qquad 7)_{16}$$
$$\downarrow\qquad \downarrow\qquad \downarrow\qquad \downarrow\qquad\qquad \downarrow$$
$$(1\ 111\quad 1\ 010\quad 0\ 110\quad 0\ 011\quad .\quad 011\ 1)_2$$

所以 $(FA63.7)_{16} = (1111101001100011.0111)_2$.

二、码制

计算机中数的处理是按二进制进行的，但输入计算机中以及计算机输出的都是人们习惯的十进制数. 我们不仅可以用四位二进制数来表示 0～9 这 10 个十进制数字，任意一个十进制数都可以用下面的方法来表示：

$$(457)_{10} \Longleftrightarrow 010001010111,$$
$$(0.38)_{10} \Longleftrightarrow 0000.00111000,$$
$$(64.09)_{10} \Longleftrightarrow 01100100.00001001.$$

这种用四位二进制代码表示的十进制数称为二—十进制编码，简称 BCD 码. BCD 码有很多种，其中较常用的是 8421BCD 码，它是一种有权码，每个代码从左向右，每位的权分别是 8，4，2，1. 例如：

左侧的字符串并不是二进制数，它只是一组代码，分别用四位二进制数表示十进制数中每一位的数字.

$(7)_{10} = (0111)_{8421BCD} = 0\times2^3 + 1\times2^2 + 1\times2^1 + 1\times2^0 = 0\times8 + 1\times4 + 1\times2 + 1\times1.$

8421BCD 码和十进制数之间的转换是直接按位转换的，例如：

$$(204.667)_{10} = (001000000100.011001100111)_{8421BCD},$$
$$(10000101.00111001)_{8421BCD} = (85.39)_{10}.$$

课后习题

1. 将下列各数转换为十进制数：

(1) $(10110101010)_2$；

(2) $(1011010.110)_2$；

(3) $(452)_8$；

(4) $(163.23)_8$；

(5) $(45CE)_{16}$；

(6) $(7F.45)_{16}$.

2. 将 $(367)_{10}$ 分别转换为二进制、八进制和十六进制数.

3. 将 $(1010001.0111)_2$ 分别转换为八进制和十六进制数.

4. 将 $(721.62)_8$ 转换为二进制数.

5. 将 $(F5A.6)_{16}$ 转换为二进制数.

6. 将 $(125)_{10}$ 用 8421BCD 码表示.

7. 将下列 8421BCD 码转换为十进制数：

(1) 10000011；

(2) 011000010111；

(3) 1000011000001001.

8. 运算式 $(2\,008)_{10} - (3\,723)_8$ 的结果为 (   ).

A. $(-1\,715)_{10}$ B. $(5)_{10}$ C. $(-5)_{16}$ D. $(111)_2$

9. 某选拔性节目中共有 3 位裁判，规定裁判按下同意键时灯亮，此时用 1 表示，未按下同意键时灯灭，此时用 0 表示，若同意的裁判人数超过 2 人时，表示选手通过选拔，则 110 表示该选手的选拔结果为 (   ).

A. 通过选拔   B. 未通过选拔   C. 不可确定

10. 由发光二极管做成的信号灯 $A,B,C,D,E,F,G,H,I,J,K,L,M$ 共 13 盏，输入信号为高电平，发光二极管就导通，信号灯就亮，否则就灭. 某一时刻对各发光二极管输入的信号如题图 3-1 所示，试判断各信号灯的亮灭情况. (1 表示高电平，0 表示低电平)

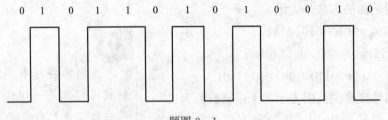

题图 3-1

11. 若用 1 表示公司员工正常打卡上班，用 0 表示员工未到岗，如果本周某员工上班情况用 0111101 表示，请描述该员工本周的上班情况.

12. 甲乙同时参加一项比赛，甲说自己的比赛成绩可以用二进制 1100010 表示，乙说自己的成绩可以用八进制表示为 140，请判断甲乙两位参赛选手中哪位选手的成绩较好.

§3-2　逻辑函数及其表示法

逻辑是指事物因果之间所遵循的规律. 为了避免用冗长的文字来描述逻辑问题, 逻辑代数采用逻辑变量和一套运算符组成逻辑函数表达式来描述事物的因果关系.

逻辑代数的运算特点与数字电路中的开和关、高电位和低电位、导通和截止等现象一样, 都只有两种不同的状态. 因此, 它在数字电路设计和分析中得到了广泛的应用. 例如, 1937 年, 香农在美国贝尔实验室为解决电话交换机的电路设计问题时就使用了逻辑代数的方法, 后人称他为"现代开关电路设计之父".

一、基本逻辑函数及运算

逻辑代数是分析和设计数字系统的数学基础, 并且与普通代数有不同概念. 逻辑代数表示的不是数的大小之间的关系, 而是逻辑的关系, 它仅有两种状态, 即 0 和 1.

逻辑代数中"与""或""非"三种基本逻辑运算分别对应着"与""或""非"三种基本逻辑关系, 归纳见下表.

逻辑关系	"与"逻辑	"或"逻辑	"非"逻辑
定义	决定事件结果的全部条件同时具备时, 结果才发生	决定事件结果的条件中, 只要有一个具备, 结果会发生	条件具备, 结果不发生, 条件不具备, 结果发生
逻辑表达式	$Y = A \cdot B$	$Y = A + B$	$Y = \overline{A}$
真值表	$\begin{array}{cc\|c} A & B & Y \\ \hline 0 & 0 & 0 \\ 0 & 1 & 0 \\ 1 & 0 & 0 \\ 1 & 1 & 1 \end{array}$ 　有 0 出 0　全 1 为 1	$\begin{array}{cc\|c} A & B & Y \\ \hline 0 & 0 & 0 \\ 0 & 1 & 1 \\ 1 & 0 & 1 \\ 1 & 1 & 1 \end{array}$ 　有 1 出 1　全 0 为 0	$\begin{array}{c\|c} A & Y \\ \hline 0 & 1 \\ 1 & 0 \end{array}$
逻辑符号			
典型电路			

二、几种复合逻辑运算

三种基本逻辑运算简单且容易实现. 但是实际的逻辑问题比基本逻辑运算要复杂得多. 所以常把"与""或""非"三种基本逻辑运算合理地组合起来使用, 这就是复合逻辑运算. 与之对应的门电路称为复合逻辑门电路. 常用的复合逻辑运算有"与非"运算、"或非"运算、"与或非"运算、"异或"运算、"同或"运算等.

1. "与非" 逻辑

"与非" 逻辑是把 "与" 逻辑和 "非" 逻辑组合起来实现的, 它先进行 "与" 运算, 再把 "与" 运算的结果进行 "非" 运算. 其逻辑可描述如下: 输入全部为 1 时, 输出为 0; 否则始终输出 1. "与非" 逻辑的真值表 (以二变量为例) 见下表.

如图 3-1 所示为 "与非" 运算的逻辑图形符号, 其逻辑表达式可以写成 $Y=\overline{A \cdot B}$ 或 $Y=\overline{AB}$.

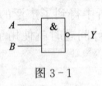

图 3-1

A	B	Y
0	0	1
0	1	1
1	0	1
1	1	0

2. "或非" 逻辑

如图 3-2 所示为 "或非" 运算的逻辑图形符号, 从 "与非" 的逻辑可以推出 "或非" 的逻辑关系: 输入中有一个及一个以上 1, 则输出为 0, 仅当输入全为 0 时输出为 1. "或非" 逻辑的真值表 (以二变量为例) 见下表.

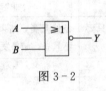

图 3-2

A	B	Y
0	0	1
0	1	0
1	0	0
1	1	0

"或非" 逻辑表达式可以写成 $Y=\overline{A+B}$.

3. "与或非" 逻辑

"与或非" 逻辑是把 "与" 逻辑、"或" 逻辑和 "非" 逻辑组合起来实现的. 先进行 "与" 运算, 把 "与" 运算的结果进行 "或" 运算, 最后进行 "非" 运算. "与或非" 运算的逻辑图形符号如图 3-3 所示, 逻辑的表达式可以写成 $Y=\overline{AB+CD}$, 其逻辑的真值表见下表.

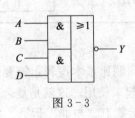

图 3-3

A	B	C	D	Y
0	0	0	0	1
0	0	0	1	1
0	0	1	0	1
0	0	1	1	0
0	1	0	0	1
0	1	0	1	1
0	1	1	0	1
0	1	1	1	0
1	0	0	0	1
1	0	0	1	1
1	0	1	0	1
1	0	1	1	0
1	1	0	0	0
1	1	0	1	0
1	1	1	0	0
1	1	1	1	0

4. "异或"逻辑

"异或"逻辑的逻辑关系如下：当两个变量取值不相同时，输出为 1；两个变量取值相同时，输出为 0，其逻辑的真值表见下表. "异或"运算的逻辑图形符号如图 3-4 所示，其逻辑表达式为 $Y=A \oplus B=\overline{A}B+A\overline{B}$.

A	B	Y
0	0	0
0	1	1
1	0	1
1	1	0

图 3-4

5. "同或"逻辑

"同或"逻辑的逻辑关系如下：当两个变量取值相同时，输出为 1；两个变量取值不相同时，输出为 0，其逻辑的真值表见下表. "同或"运算的逻辑图形符号如图 3-5 所示，"同或"逻辑的表达式可以写成 $Y=A \odot B=AB+\overline{A}\,\overline{B}$.

A	B	Y
0	0	1
0	1	0
1	0	0
1	1	1

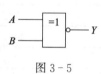

图 3-5

在化简逻辑函数时，必须把"异或"逻辑的表达式写成 $Y=\overline{A}B+A\overline{B}$；"同或"逻辑的表达式写成 $Y=AB+\overline{A}\,\overline{B}$ 才能进行化简.

常用逻辑运算汇总见下表.

函数	与	或	非	与非	或非	与或非	异或	同或
函数表达式	$Y=AB$	$Y=A+B$	$Y=\overline{A}$	$Y=\overline{AB}$	$Y=\overline{A+B}$	$Y=\overline{AB+CD}$	$Y=\overline{A}B+A\overline{B}$ $=A \oplus B$	$Y=AB+\overline{A}\,\overline{B}$ $=A \odot B$
真值表	$A\ B\ Y$ 0 0 0 0 1 0 1 0 0 1 1 1	$A\ B\ Y$ 0 0 0 0 1 1 1 0 1 1 1 1	$A\ \|\ Y$ 0 | 1 1 | 0	$A\ B\ Y$ 0 0 1 0 1 1 1 0 1 1 1 0 有 0 出 1 全 1 出 0	$A\ B\ Y$ 0 0 1 0 1 0 1 0 0 1 1 0 有 1 出 0 全 0 出 1	$A\ B\ C\ D\ Y$ 0 0 0 0 1 ⋮ ⋮ 1 1 1 1 0	$A\ B\ Y$ 0 0 0 0 1 1 1 0 1 1 1 0 不同出 1 相同出 0	$A\ B\ Y$ 0 0 1 0 1 0 1 0 0 1 1 1 不同出 0 相同出 1
逻辑电路	与门	或门	非门（反相器）	与非门	或非门	与或非门	异或门	同或门
逻辑符号	&	≥1	1	&	≥1	& ≥1 &	=1	=1

三、逻辑函数及其表示法

用于表示逻辑函数的方法有逻辑函数表达式（也称逻辑式或函数式）、逻辑函数真值表、逻辑图、波形图和卡诺图.

1. 逻辑函数表达式

逻辑函数表达式是将逻辑变量用"与""或""非"等运算符号按一定规则组合起来表示逻辑函数的一种方法. 它是逻辑变量与逻辑函数之间逻辑关系的表达式，简称为表达式. 例如，在举重比赛中有三名裁判员，其中一名主裁判（A）同意，两名副裁判（B，C）中至少有一名同意，运动员的试举才算成功. 当用 Y 表示举重结果时，Y 与 A，B，C 的逻辑关系可表示为 $Y=A\cdot(B+C)$. 逻辑函数表达式的优点如下：

（1）简捷方便，容易记忆，

（2）可以直接用公式法化简逻辑函数（不受变量个数的限制），

（3）便于用逻辑图实现逻辑函数.

缺点是不能直观地反映出输出函数与输入变量之间一一对应的逻辑关系.

常用的逻辑函数表达式见下表.

逻辑关系	表达式	逻辑关系	表达式
与	$Y=AB$	与非	$Y=\overline{AB}$
或	$Y=A+B$	或非	$Y=\overline{A+B}$
非	$Y=\overline{A}$	与或非	$Y=\overline{AB+CD}$
与或	$Y=AB+CD$	异或	$Y=A\oplus B=\overline{A}B+A\overline{B}$
或与	$Y=(A+B)(C+D)$	同或	$Y=A\odot B=AB+\overline{A}\,\overline{B}$

2. 逻辑函数真值表

将逻辑函数中自变量的各种可能取值组合与其因变量的值一一列出，并以表格形式表示，该表称为逻辑函数真值表."举重判决"的逻辑关系真值表见下表.

A	B	C	Y	A	B	C	Y
0	0	0	0	1	0	0	0
0	0	1	0	1	0	1	1
0	1	0	0	1	1	0	1
0	1	1	0	1	1	1	1

真值表表示逻辑函数的优点如下：

（1）可以直观、明了地反映出函数值与变量取值之间的对应关系，

（2）由实际逻辑问题列写出真值表比较容易.

真值表表示逻辑函数的缺点如下：

（1）由于一个变量有两种取值，两个变量有 2^2 种取值组合，n 个变量有 2^n 种取值组合. 因此，变量较多时（5个以上）的真值表太庞大，显得过于烦琐. 所以一般情况下多于四个变量时不用真值表表示逻辑函数.

（2）不能直接用于化简.

3. 逻辑图

逻辑图是用逻辑符号表示逻辑函数的一种方法. 每一个逻辑符号就是一个最简单的逻辑图. 为了画出表示"举重判决"的逻辑图, 只要用逻辑图形符号来代替函数表达式 $Y = A \cdot (B+C)$ 中的运算符号, 便可得到如图 3-6 所示的逻辑图.

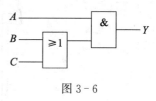

图 3-6

例 1 已知逻辑函数表达式为 $Y = \overline{A}\overline{B} + AB$, 试画出相应的逻辑图.

解: 由逻辑函数表达式可以知道, 先将 A, B 用"非"的逻辑符号表示, 并将 $\overline{A}$, $\overline{B}$ 之间用"与"的逻辑符号表示, 然后将 A, B 用"与"的逻辑符号表示, 最后用"或"的逻辑符号表示 $\overline{A}\overline{B}$ 和 AB 的"或"运算. 得到如图 3-7 所示的逻辑图.

例 2 如图 3-8 所示为控制楼梯照明灯的电路. 单刀双掷开关 A, B 分别装在楼下和楼上. 在楼下开灯后, 可在楼上关灯; 同样, 也可在楼上开灯, 在楼下关灯. 灯泡 Z 是否亮与开关 A, B 所处的位置有关. 其逻辑函数表达式为 $Y = AB + \overline{A}\overline{B} = A \odot B$. 试画出逻辑图, 并列出相应的逻辑函数真值表.

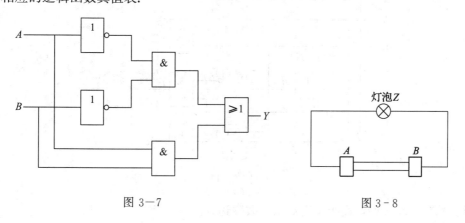

图 3-7   图 3-8

解: 利用基本逻辑图形符号构建逻辑函数表达式 $Y = AB + \overline{A}\overline{B} = A \odot B$ 的逻辑图, 如图 3-9 所示, 其相应的逻辑函数真值表如下.

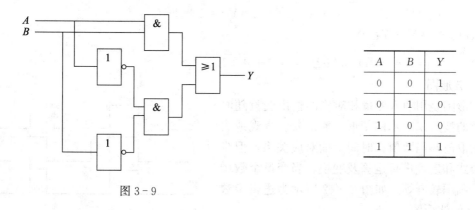

图 3-9

A	B	Y
0	0	1
0	1	0
1	0	0
1	1	1

例 3 已知逻辑图如图 3-10 所示, 试写出相应的逻辑函数表达式.

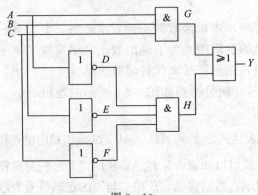

图 3-10

解：从图 3-10 可得

$$Y = G + H = ABC + DEF = ABC + \overline{\overline{A}} \, \overline{\overline{B}} \, \overline{\overline{C}}.$$

例 4 已知逻辑图如图 3-11 所示，试写出该逻辑函数表达式.

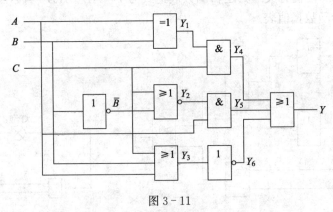

图 3-11

解：从输入端开始，逐级写出输出函数表达式.

因为：$Y_1 = A \oplus B$ $Y_2 = \overline{\overline{B} + C}$

$Y_3 = A + B + C$ $Y_4 = Y_1 \cdot C = (A \oplus B) \cdot C$

$Y_5 = Y_2 \cdot A = \overline{\overline{B} + C} \cdot A$ $Y_6 = \overline{Y_3} = \overline{A + B + C}$

所以：$Y = Y_4 + Y_5 + Y_6$

$$= (A \oplus B) \cdot C + \overline{\overline{B} + C} \cdot A + \overline{A + B + C}$$

4. 波形图

波形图是用输入变量和对应的输出变量随时间变化的波形来表示的图形，能形象、直观地表示变量取值与函数值在时间上的对应关系，但难以用公式和定理进行运算及变换，当变量个数增多时，画图较麻烦. 如图 3-12 所示为逻辑函数 $Y = AB$ 的波形图.

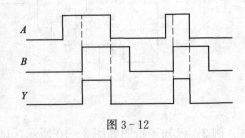

图 3-12

三种基本逻辑函数的波形图见下表.

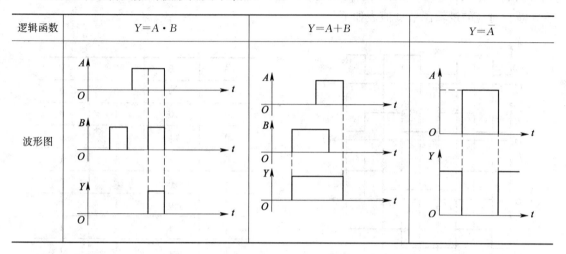

逻辑函数	$Y=A \cdot B$	$Y=A+B$	$Y=\overline{A}$
波形图			

例5 根据图 3-13 所示的逻辑图写出逻辑函数表达式并列出真值表，同时根据给定的输入波形图画出输出波形图.

解：逻辑关系式为：$Y=AB+\overline{A}\overline{B}$，对应的逻辑函数真值表如下：

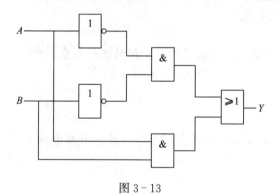

A	B	AB	$\overline{A}\overline{B}$	Y
0	0	0	1	1
0	1	0	0	0
1	0	0	0	0
1	1	1	0	1

图 3-13

波形图如图 3-14 所示.

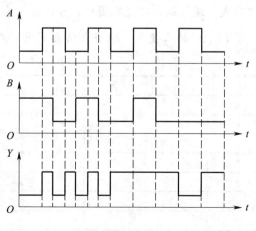

图 3-14

例6 根据图 3-15 所示的逻辑函数波形图，试写出相应的逻辑函数真值表.

解： 对应的逻辑函数真值表如下：

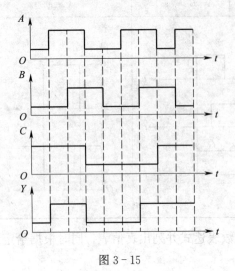

A	B	C	Y
0	0	0	0
0	0	1	0
0	1	0	0
0	1	1	1
1	0	0	0
1	0	1	1
1	1	0	1
1	1	1	1

图 3-15

课后习题

1. 指出下列描述中所包含的逻辑关系，并用真值表来表示它们之间的逻辑关系：

(1) 甲乙两人同时上网才能在网上聊天；

(2) 书记或院长都可以参加这个会议；

(3) 小张去游泳，我不去.

2. 指出下列描述中所包含的逻辑关系，画出它们的逻辑图形符号，并用真值表来表示它们之间的逻辑关系：

(1) 甲、乙两人只允许一人上网；

(2) 小李和小王要么都去打球，要么一个也不去.

3. 画出"与非""或非"和"与或非"逻辑运算的逻辑图形符号，并列出相应的真值表.

4. 画出"异或"和"同或"逻辑运算的逻辑图形符号，并列出相应的真值表.

5. 完成逻辑函数 $Y=\overline{A}\overline{B}+AC$ 的真值表，根据真值表写出对应的逻辑函数表达式，并画出它们的逻辑图.

A	B	C	$\overline{A}$	$\overline{B}$	$\overline{A}\,\overline{B}$	AC	Y
0	0	0					
0	0	1					
0	1	0					
0	1	1					
1	0	0					
1	0	1					
1	1	0					
1	1	1					

6. 写出与下列真值表相对应的逻辑函数表达式，并画出逻辑图.

7. 作用于各门电路输入端的波形如题图 3-2 所示. 分别画出与门、或门、与非门、或非门、与或非门、异或门输出端波形.

A	B	C	Y
0	0	0	0
0	0	1	1
0	1	0	1
0	1	1	0
1	0	0	0
1	0	1	0
1	1	0	1
1	1	1	0

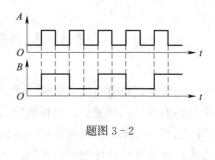

题图 3-2

8. 根据题图 3-3 所示的逻辑图分别写出逻辑函数表达式.

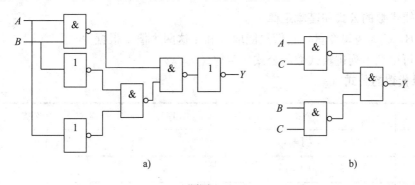

a)   b)

题图 3-3

9. 写出如题图 3-4 所示电路对应的真值表.

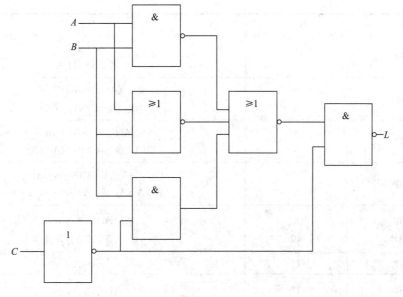

题图 3-4

10. 根据下列各逻辑函数表达式画出逻辑电路图:

(1) $Y=(A+B)C$;   (2) $Y=A+BC$;

(3) $Y=AB+BC$;   (4) $Y=AB+\overline{A}C$.

§3-3 逻辑代数的公式化简

逻辑函数是逻辑电路的代数表示形式. 一般来说,逻辑表达式越简单,其电路就越简单,所需要的器件也就越少,这样既节省了电路的元件,同时也提高了电路的可靠性. 通常从逻辑问题概括出来的逻辑函数不一定是最简的,所以要求对逻辑函数进行化简,找出最简的表达式,这是逻辑设计的必需步骤.

最简逻辑函数表达式的标准如下:第一,表达式中所含项的数量最少;第二,每项中所含变量个数最少.

一、逻辑代数的公式和基本定律

设 A,B,C 为逻辑变量,它们只能取 0 和 1 这两个值,根据"与""或""非"运算的运算法则,可得到下列逻辑代数的公式、定律.

1. 逻辑代数的公式

序号	公式	序号	公式
1	$A \cdot 1=A$	4	$A+0=A$
2	$A+1=1$	5	$A \cdot \overline{A}=0$
3	$A \cdot 0=0$	6	$A+\overline{A}=1$

2. 逻辑代数的基本定律

名称	序号	公式
交换律	1	$AB=BA$
	2	$A+B=B+A$
结合律	3	$(AB)C=A(BC)$
	4	$(A+B)+C=A+(B+C)$
分配律	5	$A(B+C)=AB+AC$
	6	$A+BC=(A+B)(A+C)$
同一律	7	$AA=A$,$AAA\cdots A=A$
	8	$A+A=A$,$A+A+A+\cdots+A=A$
反演律	9	$\overline{AB}=\overline{A}+\overline{B}$
(摩根定律)	10	$\overline{A+B}=\overline{A}\,\overline{B}$
还原律	11	$\overline{\overline{A}}=A$
扩展律	12	$A=AB+A\overline{B}$

3. 若干常用公式

序号	公式	序号	公式
1	$AB+A\overline{B}=A$	4	$A+\overline{A}B=A+B$
2	$A+AB=A$	5	$AB+\overline{A}C+BC=AB+\overline{A}C$
3	$A(A+B)=A$	6	$A\overline{AB}=A\overline{B},\ \overline{A}\ \overline{AB}=\overline{A}$

例 1 验证公式：$A+BC=(A+B)(A+C)$.

解：（1）用公式推演法

$$右=(A+B)(A+C)$$
$$=AA+AB+AC+BC$$
$$=A+AB+AC+BC$$
$$=A(1+B+C)+BC$$
$$=A+BC=左.$$

有关公式、定律都可以用同样的方法加以验证.

（2）用真值表法

$A\,B\,C$	BC	$A+BC$	$A+B$	$A+C$	$(A+B)(A+C)$
0 0 0	0	0	0	0	0
0 0 1	0	0	0	1	0
0 1 0	0	0	1	0	0
0 1 1	1	1	1	1	1
1 0 0	0	1	1	1	1
1 0 1	0	1	1	1	1
1 1 0	0	1	1	1	1
1 1 1	1	1	1	1	1

例 2 用公式推演法证明：$A+\overline{A}B=A+B$.

证：$A+\overline{A}B=(A+\overline{A})(A+B)$（利用结合律）

$$=A+B.$$

例 3 证明反演率：$\overline{AB}=\overline{A}+\overline{B}$ 和 $\overline{A+B}=\overline{A}\overline{B}$.

证：利用真值表.

A	B	$\overline{AB}$	$\overline{A}+\overline{B}$	$\overline{A}\overline{B}$	$\overline{A+B}$
0	0	1	1	1	1
0	1	1	1	0	0
1	0	1	1	0	0
1	1	0	0	0	0

由真值表得：$\overline{AB}=\overline{A}+\overline{B}$，$\overline{A+B}=\overline{A}\,\overline{B}$.

二、公式化简法

公式化简法是利用逻辑代数的基本公式、定律及常用公式来消去多余的乘积项和每个乘积项中多余的因子，以求得逻辑函数表达式的最简形式．逻辑函数表达式的形式一般有五种，例如：

$$Y=A\overline{B}+BC. \qquad\qquad\text{与或表达式}$$

$$=(A+B)(\overline{B}+C). \qquad\qquad\text{或与表达式}$$

$$=\overline{\overline{A\overline{B}}\cdot\overline{BC}}. \qquad\qquad\text{与非—与非表达式}$$

$$=\overline{\overline{A+B}+\overline{\overline{B}+C}}. \qquad\qquad\text{或非—或非表达式}$$

$$=\overline{A\overline{B}+B\overline{C}}. \qquad\qquad\text{与或非表达式}$$

常用的方法见下表.

方法	说明与举例
并项法一	根据 $AB+A\overline{B}=A$ 可以把两项合并为一项，并消去 B 和 $\overline{B}$ 这两个因子．A 和 B 可以代任何复杂的逻辑函数表达式．例如：$$Y=AB+ACD+A\overline{B}+A\overline{C}D=(A+\overline{A})CD+(A+\overline{A})B=B+CD$$
吸收法	根据 $A+AB=A$ 可将 AB 项消去，A 和 B 可以代表任何复杂的逻辑函数表达式．例如：$$Y=AB+ABC+ABD=AB+AB(C+D)=AB$$
并项法二	根据 $AB+\overline{A}C+BC=AB+\overline{A}C$ 可将 BC 项消去．A，B，C 可代表任何复杂的逻辑函数表达式．例如：$$Y=A\overline{C}+\overline{A}B+\overline{B}\overline{C}=A\overline{C}+\overline{A}B$$
消因子法	根据 $A+\overline{A}B=A+B$ 可将 $\overline{A}B$ 中的因子 $\overline{A}$ 消去．A 与 B 可代表任何复杂的逻辑函数表达式．例如：$$Y=AC+\overline{A}B+B\overline{C}=AC+B(\overline{A}+\overline{C})=AC+B\overline{AC}=AC+B$$
配项法	根据 $A+A=A$ 可以在逻辑函数表达式中重复写入某一项，以获得更加简单的化简结果．例如：$$Y=\overline{A}B\overline{C}+\overline{A}BC+ABC=(\overline{A}B\overline{C}+\overline{A}BC)+(\overline{A}BC+ABC)$$ $$=\overline{A}B(C+\overline{C})+BC(A+\overline{A})=\overline{A}B+BC$$

除以上方法外，还可根据 $A+\overline{A}=1$ 将式中的某一项乘以（$A+\overline{A}$），然后将其拆成两项分别与其他项合并，以获得更加简单的化简结果．实际上，在化简复杂的逻辑函数时，常常需要综合应用上述几种方法.

例 4 化简 $Y=A\overline{B}+B\overline{C}+\overline{B}C+\overline{A}B$.

解：$Y=A\overline{B}+B\overline{C}+\overline{B}C+\overline{A}B$

$\qquad=A\overline{B}(C+\overline{C})+(A+\overline{A})B\overline{C}+\overline{B}C+\overline{A}B$

$\qquad=A\overline{B}C+A\overline{B}\overline{C}+AB\overline{C}+\overline{A}B\overline{C}+\overline{B}C+\overline{A}B$

$\qquad=(A+1)\overline{B}C+A\overline{C}(\overline{B}+B)+\overline{A}B(\overline{C}+1)$

$\qquad=\overline{B}C+A\overline{C}+\overline{A}B$.

如采用 $(A+\bar{A})$ 乘 $\bar{B}C$，用 $(C+\bar{C})$ 乘 $\bar{A}B$，然后化简，则得：

$$Y=A\bar{B}+B\bar{C}+\bar{A}C.$$

可见，经化简后得到的最简与或表达式有时不是唯一的.

例 5 化简 $F=A\oplus(A\oplus B)$.

解： $F=A\oplus(A\oplus B)$

$\qquad =A\oplus(\bar{A}B+A\bar{B})$

$\qquad =\bar{A}(\bar{A}B+A\bar{B})+A(\overline{\bar{A}B+A\bar{B}})$

$\qquad =\bar{A}\bar{A}B+\bar{A}A\bar{B}+A(\overline{\bar{A}B}\;\overline{A\bar{B}})$（利用反演率）

$\qquad =\bar{A}B+A(A+\bar{B})\,(\bar{A}+B)$

$\qquad =\bar{A}B+(A+A\bar{B})\,(\bar{A}+B)$（利用 $AA=A$）

$\qquad =\bar{A}B+A(\bar{A}+B)$

$\qquad =\bar{A}B+(A\bar{A}+AB)$（利用 $A\bar{A}=0$）

$\qquad =\bar{A}B+AB$

$\qquad =B.$

例 6 化简 $L=AB+A\bar{C}+\bar{B}C+\bar{C}B+\bar{B}D+\bar{D}B$.

解： $L=AB+A\bar{C}+\bar{B}C+\bar{C}B+\bar{B}D+\bar{D}B$

$\qquad =A(B+\bar{C})+\bar{B}C+\bar{C}B+\bar{B}D+\bar{D}B$（分配律）

$\qquad =A\,\overline{\bar{B}C}+\bar{B}C+\bar{C}B+\bar{B}D+\bar{D}B$（反演律）

$\qquad =A+\bar{B}C+\bar{C}B+\bar{B}D+\bar{D}B$（利用 $A+\bar{A}B=A+B$）

$\qquad =A+\bar{B}C(D+\bar{D})+\bar{C}B+\bar{B}D+\bar{D}B(C+\bar{C})$（利用 $A+\bar{A}=1$）

$\qquad =A+\bar{B}CD+\bar{B}C\bar{D}+\bar{C}B+\bar{B}D+\bar{D}BC+\bar{D}B\bar{C}$（分配律）

$\qquad =A+(\bar{B}CD+\bar{B}D)+(\bar{B}C\bar{D}+\bar{D}BC)+(\bar{C}B+\bar{D}B\bar{C})$（结合律）

$\qquad =A+\bar{B}D+C\bar{D}+B\bar{C}$（利用 $1+A=A$，$A+\bar{A}=1$ 及 $A+AB=A$）.

例 7 已知逻辑图如图 3-16 所示，试写出相应的逻辑函数表达式.

解： $Y_1=\overline{A+B}$.

$Y_2=\overline{\bar{A}+\bar{B}}$.

$Y=\overline{Y_1+Y_2}$

$\quad =\overline{\overline{A+B}+\overline{\bar{A}+\bar{B}}}$

$\quad =(A+B)(\bar{A}+\bar{B})$

$\quad =A\bar{B}+\bar{A}B$

$\quad =A\oplus B.$

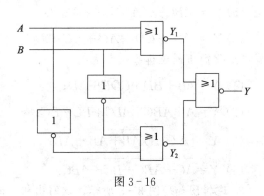

图 3-16

例8 图 3-17a 所示为一较复杂的电气控制线路，试将它写成逻辑函数表达式，并运用逻辑代数基本公式进行简化.

解： $F = A[(B+K)A + K(C+\bar{A}K)] + \bar{A}[(K+D)A + (E+\bar{E}\bar{A})K]$

$= (B+K)A + AKC + \bar{A}EK + \bar{E}\bar{A}K$

$= AB + AK + AKC + \bar{A}K$

$= AB + AK(1+C) + \bar{A}K$

$= AB + AK + \bar{A}K$

$= AB + K.$

如图 3-17b 所示为简化后的控制电路.

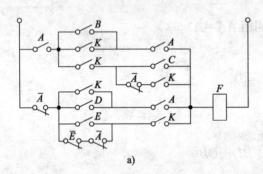

图 3-17

课后习题

1. 化简下列逻辑函数表达式：

(1) $Y = AB + \bar{A}\bar{B} + A\bar{B}$；

(2) $Y = ABC + \bar{A}B + AB\bar{C}$；

(3) $Y = \overline{(A+B)} + AB$；

(4) $Y = (AB + A\bar{B} + \bar{A}B)(A + B + D + \bar{A}\bar{B}\bar{D})$；

(5) $Y = ABC + (\bar{A} + \bar{B} + \bar{C}) + D$；

(6) $Y = AD + \bar{C}D + A\bar{C} + \bar{B}C + D\bar{C}$.

2. 化简下列逻辑函数表达式：

(1) $Y = A\bar{B} + BD + CDE + \bar{A}D$；

(2) $Y = A + ABC + A\bar{B}\bar{C} + BC + \bar{B}C$；

(3) $Y = (A \oplus B)\overline{\bar{A}B + A\bar{B}} + AB$；

(4) $Y = \overline{AC + \bar{A}BC + \bar{B}C + AB\bar{C}}$.

3. 逻辑图如题图 3-5 所示，试写出相应的逻辑函数表达式并化简.

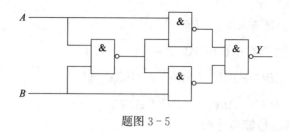

题图 3-5

4. 将逻辑函数表达式 $Y = A\bar{B}C + AB\bar{C} + ABC$ 进行化简，并画出化简后的逻辑图.

*5. 证明下列各式：

(1) $A + \bar{A}B = A + B$；　　　　(2) $AB + A\bar{B} = A$；

(3) $(A + B)(A + \bar{B}) = A$；　　　(4) $ABC + \bar{A}D + \bar{B}D + \bar{C}D = ABC + D$；

(5) $\overline{AB} + AB\bar{C} + \bar{A}B\bar{C} = \overline{AB} + \overline{AC} + \overline{BC}$；

(6) $A + \bar{A}\overline{(B + C)} = A + \bar{B}\bar{C}$；

(7) $ABC + A\bar{B}\bar{C} + \bar{A}B\bar{C} + \bar{A}\bar{B}C = A \oplus B \oplus C$.

专题阅读　卡诺图在逻辑函数中的应用

对逻辑函数进行化简的方法一般有代数化简法、列表化简法和卡诺图化简法.

代数化简法的优点是，它的使用不受任何条件的限制，但是它没有固定的步骤可循，在化简一些复杂的逻辑函数时不仅需要熟练掌握各种基本公式和定理，而且还需要掌握一定的运算技巧，有时很难判断出化简后的结果，是否为最简的与或形式.

列表化简法又称为奎因－麦克拉斯基算法（Quine－McCluskey algorithm），简称 Q－M 化简法. 它是利用列表方式进行化简的方法，具有一定的规则和步骤可循，较好地克服了公式化简法的局限性，但是它只适用于编制计算机辅助化简程序，一般用于多变量逻辑函数的计算机程序化简，对于缺乏计算机编程知识的人员来说有一定的难度.

卡诺图是用几何图形表示函数逻辑关系的又一种表示方法，是一种根据相邻原则排列而成的最小项小方格图，利用相邻可合并规则，使逻辑函数得到化简，它简单、直观，利用卡诺图化简法对逻辑函数进行化简是一种较为简便易行的方法. 下面简要介绍卡诺图化简法的化简过程.

一、逻辑函数的最小项表达式

用卡诺图表示给定的逻辑函数，应先求出该逻辑函数的最小项表达式，也就是将给定的逻辑函数化为若干乘积项之和的形式，然后再利用基本公式 $A + \bar{A} = 1$ 将每一个乘积项中缺少的因子补全，这样就可以将与或的形式化为最小项之和的标准形式. 对于一个与或表达式，如果其中每个与项都是该逻辑函数的最小项，则称此与或表达式为该逻辑函数的最小项表达式.

例　写出逻辑函数 $L(A, B, C) = AB + AB\bar{C} + \bar{B}\bar{C}$ 的最小项表达式.

解：$L(A,B,C) = AB + AB\bar{C} + \bar{B}C$

$$= AB(C+\bar{C}) + AB\bar{C} + (A+\bar{A})\bar{B}C$$

$$= ABC + AB\bar{C} + AB\bar{C} + A\bar{B}C + \bar{A}\bar{B}C$$

$$= ABC + AB\bar{C} + A\bar{B}C + \bar{A}\bar{B}C.$$

二、画卡诺图并列出最简表达式

求出逻辑函数的最小项表达式后，做与其逻辑函数的变量个数相对应的卡诺图，然后在卡诺图上将这些最小项对应的小方块中填入 1，在其余的地方填入 0，即可得到表示该逻辑函数的卡诺图.

逻辑函数的卡诺图化简法，是根据其几何位置相邻与逻辑相邻一致的特点，在卡诺图中直观地找到具有逻辑相邻的最小项进行合并，消去不同因子. 用卡诺图方法对逻辑函数进行化简时，利用卡诺圈把相邻的最小项包围起来，也就是卡诺图中相邻的 1 用卡诺圈包围起来，如果卡诺圈中变量的数码有 0 也有 1，则消去该变量，否则保留该变量，并按 0 为反变量，1 为原变量的原则写成乘积形式. 得到最简形式结果的关键在于卡诺圈的选择是否合适，所以在画卡诺圈时要满足以下规则：

（1）卡诺圈包围的小方格数为 2^n 个（$n=0$，1，2，$\cdots$）；

（2）卡诺圈包围的小方格数（圈内变量）应尽可能多，化简消去的变量就多；

（3）卡诺圈的个数尽可能少，则化简结果中的与项个数就少；

（4）允许重复圈小方格，但每个卡诺圈内至少应有一个新的小方格；

（5）卡诺圈内的小方格要满足相邻关系.

上例中用卡诺图表达的逻辑函数如下图所示：

A ＼ BC	0 0	0 1	1 1	1 0
0	1	0	0	0
1	1	0	1	1

根据卡诺图，列出最简表达式

$$L(A，B，C) = AB + \bar{A}\bar{B}.$$

各种复杂的逻辑函数都可以用卡诺图的方式表达出来，利用卡诺图对逻辑函数进行化简是常用的方法之一，它与代数化简法、列表化简法相比简单、直观且有规律性可循，初学者很容易就能掌握这种方法，且在化简过程中也易于避免错误.

[*]第四章

微分方程及其应用

在生产实践和技术研究中常要描述几个变量之间的函数关系. 很多时候, 这个函数不能直接确定 (即为未知函数), 能找到的是未知函数的导函数, 未知函数与其导函数的特定关系, 或未知函数各阶导函数之间的关系. 如何通过这些能找到的条件求得未知函数本身, 就是要用微分方程解决的问题.

本章介绍微分方程的一些概念、常用微分方程的解法以及微分方程的简单应用.

教学要求

1. 可分离变量的微分方程

了解微分方程的相关概念, 会求可分离变量微分方程的通解及其在电工学中的应用.

2. 一阶线性微分方程

理解一阶线性微分方程的概念, 会求一阶线性微分方程的通解和特解, 会运用公式法解决电工学中的相关问题.

3. 二阶微分方程

理解二阶常系数齐次线性微分方程及其特征方程的概念. 掌握二阶常系数齐次线性微分方程的解法和步骤, 了解二阶微分方程在实际问题中的具体应用.

§4–1 可分离变量的微分方程

一、微分方程的基本概念

1. 微分方程的定义

含有未知函数的导数或微分的方程称为微分方程, 如果微分方程中的未知函数只含一个自变量, 这样的微分方程称为常微分方程. 微分方程中出现的未知函数导数 (或微分) 的最高阶数称为微分方程的阶. 例如, $\dfrac{\mathrm{d}y}{\mathrm{d}x}=2xy$ 和 $y'+y\cos x=\mathrm{e}^{-x}$ 是一阶微分方程; $y''+2y'-x=0$ 和 $\dfrac{\mathrm{d}^2x}{\mathrm{d}t^2}+6\dfrac{\mathrm{d}x}{\mathrm{d}t}+9x=0$ 是二阶微分方程.

2. 微分方程的解

定义 如果将一个函数代入微分方程后, 使得方程成为恒等式, 则称这个函数为该微分方程的解. 求微分方程解的过程叫作解微分方程.

例如, 对 $y'=2x$ 两边积分, 得

$$y = \int 2x \mathrm{d}x = x^2 + C,$$

其中 C 是任意常数.

若未知函数 $y = f(x)$ 还满足：$y \mid_{x=1} = 2$. 把 $x=1$，$y=2$ 代入 $y = x^2 + C$，得

$$C = 1.$$

所以

$$y = x^2 + 1.$$

函数 $y = x^2 + C$，$y = x^2 + 1$ 都是微分方程 $y' = 2x$ 的解.

微分方程的解有两种形式，如果解中所含任意常数的个数与方程的阶数相同，这样的解称为微分方程的通解. 不含任意常数的解称为微分方程的特解.

如上述例子中，$y = x^2 + C$ 就是微分方程 $y' = 2x$ 的通解；而 $y = x^2 + 1$ 是微分方程 $y' = 2x$ 的特解.

通常用未知函数及其各阶导数在某个特定点的值作为确定通解中任意常数的条件，这一条件称为初值条件. 如上例中的 $y \mid_{x=1} = 2$ 就是未知函数的初值条件.

例 1 验证函数 $y = C_1 \mathrm{e}^{2x} + C_2 \mathrm{e}^{-2x}$（$C_1$，$C_2$ 为任意常数）是二阶微分方程 $y'' - 4y = 0$ 的通解，并求此微分方程满足初值条件 $y \mid_{x=0} = 0$，$y' \mid_{x=0} = 1$ 的特解.

解 对函数 $y = C_1 \mathrm{e}^{2x} + C_2 \mathrm{e}^{-2x}$ 分别求一阶及二阶导数，得

$$y' = 2C_1 \mathrm{e}^{2x} - 2C_2 \mathrm{e}^{-2x},$$
$$y'' = 4C_1 \mathrm{e}^{2x} + 4C_2 \mathrm{e}^{-2x}.$$

将它们代入方程 $y'' - 4y = 0$，得

$$y'' - 4y = 4C_1 \mathrm{e}^{2x} + 4C_2 \mathrm{e}^{-2x} - 4(C_1 \mathrm{e}^{2x} + C_2 \mathrm{e}^{-2x}) = 0.$$

所以函数 $y = C_1 \mathrm{e}^{2x} + C_2 \mathrm{e}^{-2x}$ 是所给方程的解. 又因为这个解中含有两个独立的任意常数，任意常数的个数与微分方程的阶数相同，所以它是这个方程的通解.

将 $y \mid_{x=0} = 0$，$y' \mid_{x=0} = 1$ 分别代入

$$y = C_1 \mathrm{e}^{2x} + C_2 \mathrm{e}^{-2x},$$
$$y' = 2C_1 \mathrm{e}^{2x} - 2C_2 \mathrm{e}^{-2x}.$$

整理，得

$$\begin{cases} C_1 + C_2 = 0, \\ 2C_1 - 2C_2 = 1. \end{cases}$$

解得

$$C_1 = \frac{1}{4}, \quad C_2 = -\frac{1}{4}.$$

于是，所求微分方程满足初值条件的特解为

$$y = \frac{1}{4}(\mathrm{e}^{2x} - \mathrm{e}^{-2x}).$$

二、可分离变量的微分方程

如果一个一阶微分方程能写成 $g(y)\mathrm{d}y = f(x)\mathrm{d}x$ 的形式，也就是说，能把微分方程写成一端只含有 y 的函数和 $\mathrm{d}y$，而另一端只含有 x 的函数和 $\mathrm{d}x$，那么原方程就称为可分离变量的微分方程.

此类方程的解法如下：

（1）分离变量，使等式的一端只含有 y 的函数和 $\mathrm{d}y$，而另一端只含有 x 的函数和 $\mathrm{d}x$，即形如 $g(y)\mathrm{d}y=f(x)\mathrm{d}x$；

（2）两端积分，就可得到该类方程的通解.

例 2 求微分方程 $\dfrac{\mathrm{d}y}{\mathrm{d}x}=2xy$ 的通解.

解： 分离变量，得

$$\frac{\mathrm{d}y}{y}=2x\mathrm{d}x.$$

两边积分

$$\int \frac{\mathrm{d}y}{y}=\int 2x\mathrm{d}x,$$

得

$$\ln|y|=x^2+C_1.$$

即

$$y=\pm \mathrm{e}^{C_1}\mathrm{e}^{x^2}.$$

因为 $\pm \mathrm{e}^{C_1}$ 仍为任意常数，可令 $C=\pm \mathrm{e}^{C_1}\neq 0$，又 $y=0$ 也是原方程的解，所以原方程的通解为

$$y=C\mathrm{e}^{x^2} \quad （C \text{ 为任意常数}）.$$

例 3 求微分方程 $2x\sin y\mathrm{d}x+(1+x^2)\cos y\mathrm{d}y=0$ 满足初值条件 $y\mid_{x=1}=\dfrac{\pi}{6}$ 的特解.

解： 分离变量，得

$$\frac{\cos y}{\sin y}\mathrm{d}y=-\frac{2x}{1+x^2}\mathrm{d}x.$$

两边积分，有

$$\int \frac{\cos y}{\sin y}\mathrm{d}y=-\int \frac{2x}{1+x^2}\mathrm{d}x,$$

得

$$\ln|\sin y|=-\ln(1+x^2)+\ln C_1 \quad （C_1>0）.$$

化简，得到所给方程的通解为

$$(1+x^2)\sin y=C \quad （\text{其中 } C \text{ 为任意常数}）.$$

把初值条件 $y\mid_{x=1}=\dfrac{\pi}{6}$ 代入通解中，得

$$(1+1^2)\sin \frac{\pi}{6}=C.$$

则

$$C=1.$$

所以，已知方程满足初值条件的特解为

$$(1+x^2)\sin y=1.$$

例 4 如图 4-1 所示的 RC 电路中，已知在开关合上前电容上没有电荷，电容两端的电压为零，电源电压为 E. 把开关合上，电源对电容充电，电容上的电压 u_C 逐渐升高，求电压 u_C 随时间 t 变化的规律.

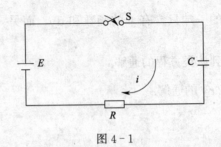

图 4-1

解：(1) 建立微分方程.

根据回路电压定律，电容上的电压 u_C 与电阻上的电压 Ri 之和等于电源电压 E，即

$$u_C + Ri = E.$$

电容充电时，电容上的电量 q 逐渐增加，按电容性质，q 与 u_C 有关系式

$$q = Cu_C.$$

于是

$$i = \frac{\mathrm{d}q}{\mathrm{d}t} = \frac{\mathrm{d}(Cu_C)}{\mathrm{d}t} = C\frac{\mathrm{d}u_C}{\mathrm{d}t}.$$

把上式代入 $u_C + Ri = E$ 中，得到 $u_C(t)$ 所满足的微分方程为

$$RC\frac{\mathrm{d}u_C}{\mathrm{d}t} + u_C = E,$$

且有初值条件

$$u_C\big|_{t=0} = 0.$$

(2) 求微分方程的通解.

微分方程 $RC\dfrac{\mathrm{d}u_C}{\mathrm{d}t} + u_C = E$ 是可分离变量的微分方程，分离变量得

$$\frac{\mathrm{d}u_C}{E - u_C} = \frac{\mathrm{d}t}{RC}.$$

两边积分，得

$$-\ln(E - u_C) = \frac{t}{RC} + \ln\frac{1}{A} \quad (A \text{ 为任意正数}).$$

 设任意常数 $C_1 = \ln\dfrac{1}{A}$.

即

$$\ln\left[\frac{1}{A}(E - u_C)\right] = -\frac{t}{RC}.$$

于是

$$u_C = E - A\mathrm{e}^{-\frac{t}{RC}}.$$

这是微分方程 $RC\dfrac{\mathrm{d}u_C}{\mathrm{d}t} + u_C = E$ 的通解.

(3) 求微分方程的特解.

把初值条件 $u_C\big|_{t=0} = 0$ 代入通解，得

$$0 = E - A\mathrm{e}^0,$$

即

$$A = E.$$

于是

$$u_C = E\ (1 - e^{-\frac{t}{RC}}).$$

这就是满足初值条件的电压 u_C 随时间 t 变化的规律，即电容器充电规律.

课 后 习 题

1. 验证函数 $y = (C_1 + C_2 x) e^{2x}$ 是微分方程 $y'' - 4y' + 4y = 0$ 的通解，并求此微分方程满足条件 $y|_{x=0} = 1$，$y'|_{x=0} = 0$ 的特解.

2. 求下列微分方程的通解：

(1) $\dfrac{\mathrm{d}y}{\mathrm{d}x} = 2xy^2$；

(2) $y' = -y\sin x$；

(3) $y' = e^{y-2x}$.

3. 求下列微分方程的特解：

(1) $xy\mathrm{d}x + (1+x^2)\ \mathrm{d}y = 0$，$y|_{x=0} = 1$；

(2) $\cos x\sin y\mathrm{d}y = \cos y\sin x\mathrm{d}x$，$y|_{x=0} = \dfrac{\pi}{4}$；

(3) $\dfrac{\mathrm{d}y}{\mathrm{d}x} = 2xy$，$y|_{x=0} = 1$.

4. 在如题图 $4-1$ 所示的 RC 电路中，如果开始时电容上有初始电压 u_0，当开关闭合时，电容就开始放电. 求开关闭合后电路中的电流随时间 t 的变化规律 $i = i(t)$ 及电容器上的电压随时间 t 的变化规律 $u_C = u_C(t)$.

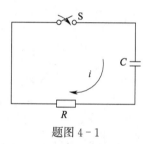

题图 $4-1$

§4-2 一阶线性微分方程

一、一阶线性微分方程的定义

形如 $\dfrac{\mathrm{d}y}{\mathrm{d}x} + P(x)y = Q(x)$ 的微分方程称为一阶线性微分方程，其中 $P(x)$，$Q(x)$ 都是已知的连续函数.

例如，方程 $y' + 2xy = e^x$ 以及 $\dfrac{\mathrm{d}y}{\mathrm{d}x} - \dfrac{y}{3x} = x\cos x$ 都是一阶线性微分方程.

1. 一阶齐次线性微分方程

若 $Q(x) = 0$，微分方程 $\dfrac{\mathrm{d}y}{\mathrm{d}x} + P(x)y = Q(x)$ 就简化为

$$\frac{\mathrm{d}y}{\mathrm{d}x} + P(x)y = 0,$$

称为一阶齐次线性微分方程.

例如，$\dfrac{\mathrm{d}y}{\mathrm{d}x} = 2xy$ 以及 $\dfrac{\mathrm{d}y}{\mathrm{d}x} = y\sin x$ 都是一阶齐次线性微分方程. 可见，一阶齐次线性微

分方程就是可分离变量的一阶微分方程.

2. 一阶非齐次线性微分方程

若 $Q(x) \neq 0$，方程 $\dfrac{\mathrm{d}y}{\mathrm{d}x} + P(x)y = Q(x)$ 就称为一阶非齐次线性微分方程.

例如，$y' + 2xy = \mathrm{e}^x$ 以及 $\dfrac{\mathrm{d}y}{\mathrm{d}x} - \dfrac{y}{3x} = x\cos x$ 都是一阶非齐次线性微分方程.

二、一阶非齐次线性微分方程的解法

一阶非齐次线性微分方程 $\dfrac{\mathrm{d}y}{\mathrm{d}x} + P(x)y = Q(x)$ 的通解为：

$$\boxed{y = \mathrm{e}^{-\int P(x)\mathrm{d}x}\left(\int Q(x)\mathrm{e}^{\int P(x)\mathrm{d}x}\mathrm{d}x + C\right) \ (C \text{ 为任意常数})}$$ ①

例 1 求微分方程 $y' + \dfrac{1}{x}y = x^2$ 的通解.

解：$P(x) = \dfrac{1}{x}$，$Q(x) = x^2$.

于是，原微分方程的通解为

$$
\begin{aligned}
y &= \mathrm{e}^{-\int \frac{1}{x}\mathrm{d}x}\left(\int x^2 \mathrm{e}^{\int \frac{1}{x}\mathrm{d}x}\mathrm{d}x + C\right) \\
&= \mathrm{e}^{-\ln x}\left(\int x^2 \mathrm{e}^{\ln x}\mathrm{d}x + C\right) \\
&= \frac{1}{x}\left(\int x^3 \mathrm{d}x + C\right) \\
&= \frac{1}{4}x^3 + \frac{C}{x}(C \text{ 为任意常数}).
\end{aligned}
$$

例 2 设某条曲线通过原点，且该曲线上任意点 $P(x, y)$ 处的切线斜率等于 $2x + y$，求此曲线的方程.

解：由题意可设曲线方程为 $y = f(x)$，由于曲线在点 (x, y) 处的切线斜率等于 $2x + y$，则可以得到微分方程

$$\frac{\mathrm{d}y}{\mathrm{d}x} = 2x + y,$$

其中，初值条件为当 $x = 0$ 时，$y = 0$.

把微分方程 $\dfrac{\mathrm{d}y}{\mathrm{d}x} = 2x + y$ 化为

$$\frac{\mathrm{d}y}{\mathrm{d}x} - y = 2x,$$

则 $P(x) = -1$，$Q(x) = 2x$，代入通解公式，得

$$
\begin{aligned}
y &= \mathrm{e}^{\int \mathrm{d}x}\left(\int 2x\mathrm{e}^{-\int \mathrm{d}x}\mathrm{d}x + C\right) \\
&= \mathrm{e}^x\left(\int 2x\mathrm{e}^{-x}\mathrm{d}x + C\right) \\
&= \mathrm{e}^x(-2x\mathrm{e}^{-x} - 2\mathrm{e}^{-x} + C)(C \text{ 为任意常数}).
\end{aligned}
$$

把初值条件代入通解，得微分方程的特解为

$$y = 2(\mathrm{e}^x - x - 1).$$

所以，所求曲线的方程为

$$y = 2(\mathrm{e}^x - x - 1).$$

例 3　如图 4-2 所示的闭合电路是 RL 串联电路，其中电动势 $E = 15$ V，电感 $L = 0.5$ H，电阻 $R = 10$ Ω．如果开始时（$t = 0$ 时）回路电流为 $i_0 = i|_{t=0} = 3$ A，试求该电路在任何时刻 t 处的电流 $i = i(t)$．

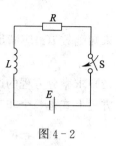

图 4-2

解： 由回路电压定律知

$$E - u_R - u_L = 0.$$

其中，在电阻上的电压降为 $u_R = Ri = 10i$，在电感上的电压降为

$$u_L = L\frac{\mathrm{d}i}{\mathrm{d}t} = \frac{\mathrm{d}i}{2\mathrm{d}t}.$$

将上式代入 $E - u_R - u_L = 0$，可得所求的未知函数 $i = i(t)$ 满足的微分方程

$$\frac{\mathrm{d}i}{\mathrm{d}t} + 20i = 30,$$

并且满足初值条件 $i_0 = i|_{t=0} = 3$．

而 $\dfrac{\mathrm{d}i}{\mathrm{d}t} + 20i = 30$ 是一阶非齐次线性微分方程，其中 $P(t) = 20$，$Q(t) = 30$，代入通解公式，求得其通解为

$$
\begin{aligned}
i(t) &= \mathrm{e}^{-\int 20\mathrm{d}t}\left(\int 30\mathrm{e}^{\int 20\mathrm{d}t}\,\mathrm{d}t + C\right) \\
&= \mathrm{e}^{-20t}\left(30\int \mathrm{e}^{20t}\,\mathrm{d}t + C\right) \\
&= \mathrm{e}^{-20t}\left(\frac{3}{2}\mathrm{e}^{20t} + C\right) \\
&= \frac{3}{2} + C\mathrm{e}^{-20t}\ (C\ \text{为任意常数}).
\end{aligned}
$$

再将初值条件 $i_0 = i|_{t=0} = 3$ 代入上式可得

$$C = \frac{3}{2}.$$

代入通解，即得微分方程的特解为

$$i(t) = \frac{3}{2}\ (1 + \mathrm{e}^{-20t}).$$

例 4　如图 4-3 所示电路中的电源电动势为 $E = E_m\sin\omega t$（E_m，ω 都是常数），电阻 R 和电感 L 都是常数，求电流 $i(t)$．

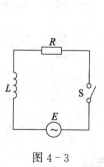

图 4-3

解：（1）建立微分方程．

由电学知识可知，当电流变化时，电感上有感应电动势 $-L\dfrac{\mathrm{d}i}{\mathrm{d}t}$，由回路电压定律得出：

$$E - L\frac{\mathrm{d}i}{\mathrm{d}t} - iR = 0.$$

即

$$\frac{\mathrm{d}i}{\mathrm{d}t} + \frac{R}{L}i = \frac{E}{L}.$$

把 $E = E_m \sin \omega t$ 代入上式，得

$$\frac{\mathrm{d}i}{\mathrm{d}t} + \frac{R}{L}i = \frac{E_m}{L}\sin \omega t.$$

未知函数 $i(t)$ 应满足上式方程. 此外，设开关闭合的时刻为 $t=0$，此时 $i(t)$ 应满足初值条件 $i|_{t=0} = 0$.

（2）求微分方程的通解

方程上式是一个非齐次线性方程，利用通解公式求出非齐次线性方程的通解为

$$i(t) = \mathrm{e}^{-\int \frac{R}{L}\mathrm{d}t}\left(\int \frac{E_m}{L}\sin \omega t \cdot \mathrm{e}^{\int \frac{R}{L}\mathrm{d}t}\mathrm{d}t + C\right)$$

$$= \mathrm{e}^{-\frac{R}{L}t}\left(\frac{E_m}{L}\int \sin \omega t \cdot \mathrm{e}^{\frac{R}{L}t}\mathrm{d}t + C\right)$$

$$= \mathrm{e}^{-\frac{R}{L}t}\left[\frac{E_m \mathrm{e}^{\frac{R}{L}t}}{\omega^2 L^2 + R^2}(R\sin \omega t - \omega L\cos \omega t) + C\right]$$

$$= \frac{E_m}{\omega^2 L^2 + R^2}(R\sin \omega t - \omega L\cos \omega t) + C\mathrm{e}^{-\frac{R}{L}t} \quad (C \text{ 为任意常数}).$$

（3）求微分方程的特解

将初值条件 $i|_{t=0} = 0$ 代入上式，得

$$C = \frac{L\omega E_m}{\omega^2 L^2 + R^2}.$$

于是所求电流为

$$i(t) = \frac{E_m}{\omega^2 L^2 + R^2}(R\sin \omega t - \omega L\cos \omega t + \omega L\mathrm{e}^{-\frac{R}{L}t}).$$

$$\frac{E_m}{L}\int \sin \omega t \cdot \mathrm{e}^{\frac{R}{L}t}\mathrm{d}t = \frac{E_m}{L}\int \mathrm{e}^{\frac{R}{L}t} \cdot \frac{1}{\omega} \cdot \mathrm{d}(-\cos \omega t) = \frac{E_m}{\omega L}\int \mathrm{e}^{\frac{R}{L}t} \cdot \mathrm{d}(-\cos \omega t)$$

$$= \frac{E_m}{\omega L}\left(-\mathrm{e}^{\frac{R}{L}t} \cdot \cos \omega t + \int \frac{R}{L} \cdot \mathrm{e}^{\frac{R}{L}t} \cdot \cos \omega t \cdot \mathrm{d}t\right) = -\frac{E_m}{\omega L}\mathrm{e}^{\frac{R}{L}t} \cdot \cos \omega t + \frac{RE_m}{\omega L^2}\int \mathrm{e}^{\frac{R}{L}t} \cdot \cos \omega t \cdot \mathrm{d}t$$

$$= -\frac{E_m}{\omega L}\mathrm{e}^{\frac{R}{L}t} \cdot \cos \omega t + \frac{RE_m}{\omega L^2}\int \mathrm{e}^{\frac{R}{L}t} \cdot \frac{1}{\omega} \cdot \mathrm{d}(\sin \omega t)$$

$$= -\frac{E_m}{\omega L} \cdot \mathrm{e}^{\frac{R}{L}t} \cdot \cos \omega t + \frac{RE_m}{\omega^2 L^2} \cdot \left(\mathrm{e}^{\frac{R}{L}t} \cdot \sin \omega t - \int \sin \omega t \cdot \frac{R}{L}\mathrm{e}^{\frac{R}{L}t} \cdot \mathrm{d}t\right)$$

$$= -\frac{E_m}{\omega L} \cdot \mathrm{e}^{\frac{R}{L}t} \cdot \cos \omega t + \frac{RE_m}{\omega^2 L^2} \cdot \mathrm{e}^{\frac{R}{L}t} \cdot \sin \omega t - \frac{R^2 E_m}{\omega^2 L^3}\int \sin \omega t \cdot \mathrm{e}^{\frac{R}{L}t} \cdot \mathrm{d}t$$

$$= \frac{E_m}{\omega^2 L^2} \cdot \mathrm{e}^{\frac{R}{L}t}(R\sin \omega t - \omega L\cos \omega t) - \frac{R^2 E_m}{\omega^2 L^3}\int \sin \omega t \cdot \mathrm{e}^{\frac{R}{L}t} \cdot \mathrm{d}t.$$

所以

$$\left(\frac{E_m}{L} + \frac{R^2 E_m}{\omega^2 L^3}\right)\int \sin \omega t \cdot \mathrm{e}^{\frac{R}{L}t} \cdot \mathrm{d}t = \frac{E_m}{\omega^2 L^2} \cdot \mathrm{e}^{\frac{R}{L}t}(R\sin \omega t - \omega L\cos \omega t) + C_1.$$

即

$$E_{\mathrm{m}}\left(\frac{\omega^2 L^2 + R^2}{\omega^2 L^3}\right)\int \sin \omega t \cdot \mathrm{e}^{\frac{R}{L}t} \cdot \mathrm{d}t = \frac{E_{\mathrm{m}}}{\omega^2 L^2} \cdot \mathrm{e}^{\frac{R}{L}t}(R\sin \omega t - \omega L\cos \omega t) + C_1.$$

故

$$\int \sin \omega t \cdot \mathrm{e}^{\frac{R}{L}t} \cdot \mathrm{d}t = \frac{1}{\omega^2 L^2} \cdot \mathrm{e}^{\frac{R}{L}t}(R\sin \omega t - \omega L\cos \omega t) \cdot \frac{\omega^2 L^3}{\omega^2 L^2 + R^2} + C$$

$$= \frac{L}{\omega^2 L^2 + R^2} \cdot \mathrm{e}^{\frac{R}{L}t}(R\sin \omega t - \omega L\cos \omega t) + C.$$

所以

$$\frac{E_{\mathrm{m}}}{L}\int \sin \omega t \cdot \mathrm{e}^{\frac{R}{L}t}\mathrm{d}t = \frac{E_{\mathrm{m}}}{\omega^2 L^2 + R^2} \cdot \mathrm{e}^{\frac{R}{L}t}(R\sin \omega t - \omega L\cos \omega t) + C.$$

注意：C_1 和 C 均为任意常数.

例5 降落伞从跳伞塔下落后，如不考虑风的因素，则其运动为直线运动，所受空气阻力近似与速度成正比. 设降落伞离开跳伞塔时（$t=0$）速度为零，求降落伞下落速度与时间的函数关系.

解：设降落伞下落速度为 $v(t)$.

降落伞在空中下落时，同时受到重力 G 与阻力 R 的作用（图4-4），重力大小为 mg，方向与 v 一致；阻力大小为 kv（k 为比例系数），方向与 v 相反，从而降落伞所受外力为

$$F = mg - kv.$$

由牛顿第二运动定律

$$F = ma（其中 a 为加速度），$$

函数 $v(t)$ 应满足的方程为

$$m\frac{\mathrm{d}v}{\mathrm{d}t} = mg - kv.$$

整理，得一阶线性微分方程

$$\frac{\mathrm{d}v}{\mathrm{d}t} + \frac{k}{m}v = g.$$

图 4-4

微分方程的通解为

$$v = \mathrm{e}^{-\int \frac{k}{m}\mathrm{d}t}\left(\int g\mathrm{e}^{\int \frac{k}{m}\mathrm{d}t}\mathrm{d}t + C\right)$$

$$= \mathrm{e}^{-\frac{k}{m}t}\left(\int g\mathrm{e}^{\frac{k}{m}t}\mathrm{d}t + C\right)$$

$$= \mathrm{e}^{-\frac{k}{m}t}\left(\frac{mg}{k}\mathrm{e}^{\frac{k}{m}t} + C\right)$$

$$= \frac{mg}{k} + C\mathrm{e}^{-\frac{k}{m}t}.$$

将 $v|_{t=0}=0$ 代入通解，得

$$C = -\frac{mg}{k}.$$

所以降落伞下落速度与时间的函数关系为

$$v = \frac{mg}{k}(1 - \mathrm{e}^{\frac{k}{m}t}).$$

课 后 习 题

1. 求下列微分方程的通解：

(1) $y' + y = e^{-x} \cos x$；

(2) $2y' - y = e^x$；

(3) $y' + \dfrac{1}{x} y = \dfrac{e^x}{x}$.

2. 求下列微分方程的特解：

(1) $x^2 dy + (2xy - x + 1) dx = 0$，$y|_{x=1} = 0$；

(2) $y' + y \cot x = 5 e^{\cos x}$，$y|_{x=\frac{\pi}{2}} = -4$；

(3) $x \ln x dy + (y - \ln x) dx = 0$，$y|_{x=e} = \dfrac{3}{2}$.

3. 在题图 4-2 所示的 RL 串联电路中，电源的电动势为 $E = 3 \sin 2t$ V，电阻 $R = 10\ \Omega$，电感 $L = 0.5$ H. 当开关闭合时，回路中的初始电流为 $i(0) = 6$ A. 求开关闭合后电路中任意时刻 t 的电流 $i = i(t)$.

4. 如题图 4-3 所示，由电阻 $R = 10\ \Omega$，电感 $L = 2$ H 和电源电压 $E = 20 \sin 5t$ V 串联组成的回路，在 $t = 0$ s 时闭合开关，求此回路中的电流 i 和时间 t 的函数关系.

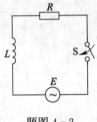

题图 4-2

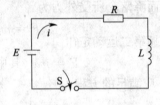

题图 4-3

§4-3　二阶微分方程

一、$y'' = f(x)$ 型微分方程

对微分方程 $y'' = f(x)$ 两边积分，得

$$y' = \int f(x) dx + C_1.$$

再对上述方程两边积分，得

$$y = \int \left[\int f(x) dx + C_1 \right] dx = \int \left[\int f(x) dx \right] dx + C_1 x + C_2.$$

这就是微分方程 $y'' = f(x)$ 的通解.

例1　求微分方程 $y'' = e^x + \cos x$ 的通解.

解：对微分方程两边进行积分，得

$$y' = e^x + \sin x + C.$$

再对上式两边进行积分，得微分方程 $y'' = e^x + \cos x$ 的通解

$$y = e^x - \cos x + C_1 x + C_2 \quad (C_1, C_2 \text{ 为任意常数}).$$

例2 一列火车在直线轨道上以 20 m/s 的速度行驶，制动时火车获得的加速度为 -0.4 m/s². 求制动后火车的运动规律.

解：由题意得

$$\frac{\mathrm{d}^2 s}{\mathrm{d}t^2} = -0.4.$$

对上述方程的两边进行积分，得

$$v = \frac{\mathrm{d}s}{\mathrm{d}t} = -0.4t + C_1. \qquad ①$$

再对上式两边进行积分，得

$$s = -0.2t^2 + C_1 t + C_2. \qquad ②$$

把初值条件 $v|_{t=0} = \frac{\mathrm{d}s}{\mathrm{d}t}\Big|_{t=0} = 20，s|_{t=0} = 0$ 代入①和②，得

$$\begin{cases} 20 = -0.4 \times 0 + C_1, \\ 0 = -0.2 \times 0^2 + C_1 \times 0^2 + C_2. \end{cases}$$

解此方程组得

$$C_1 = 20，C_2 = 0.$$

将 C_1，C_2 代入②，得微分方程 $\dfrac{\mathrm{d}^2 s}{\mathrm{d}t^2} = -0.4$ 的特解为

$$s = -0.2t^2 + 20t.$$

二、二阶常系数齐次线性微分方程

形如 $y'' + py' + qy = 0$（其中 p，q 为常数）的微分方程称为二阶常系数齐次线性微分方程. 求其通解的步骤如下：

(1) 写出微分方程的特征方程 $r^2 + pr + q = 0$；

(2) 求出特征方程的两根 r_1，r_2；

(3) 根据特征方程两根的不同情况，按下表的格式写出微分方程的通解.

特征方程 $r^2 + pr + q = 0$ 的两根 r_1，r_2	微分方程 $y'' + py' + qy = 0$ 的通解
两个不相等的实根 r_1，r_2	$y = C_1 e^{r_1 x} + C_2 e^{r_2 x}$ （C_1，C_2 为任意常数）
两个相等的实根 $r_1 = r_2$	$y = (C_1 + C_2 x)e^{r_1 x}$ （C_1，C_2 为任意常数）
一对共轭复根 $r = \alpha \pm \beta \mathrm{i}$	$y = e^{\alpha x}(C_1 \cos \beta x + C_2 \sin \beta x)$（$C_1$，$C_2$ 为任意常数）

例3 求微分方程 $y'' - 2y' - 3y = 0$ 的通解.

解：微分方程的特征方程为

$$r^2 - 2r - 3 = 0.$$

解得特征根为两个不相等的实数

$$r_1 = -1, \quad r_2 = 3.$$

所以，原微分方程的通解为

$$y = C_1 e^{-x} + C_2 e^{3x} \quad (C_1, C_2 \text{ 为任意常数}).$$

例4 求微分方程 $y'' + 2y' + 5y = 0$ 的通解.

解：微分方程的特征方程为

$$r^2 + 2r + 5 = 0.$$

解得特征根为两个共轭复数

$$r_1 = -1 - 2j, \quad r_2 = -1 + 2j.$$

所以，原微分方程的通解为

$$y = e^{-x}(C_1 \cos 2x + C_2 \sin 2x) \quad (C_1, C_2 \text{ 为任意常数}).$$

例 5　求微分方程 $4\dfrac{d^2 s}{dt^2} - 4\dfrac{ds}{dt} + s = 0$ 满足初值条件 $s\,|_{t=0} = 1$，$\dfrac{ds}{dt}\Big|_{t=0} = 2$ 的特解.

解：将微分方程两边同除以 4，即得二阶常系数齐次线性微分方程的标准形式

$$s'' - s' + \frac{1}{4}s = 0.$$

它的特征方程为

$$r^2 - r + \frac{1}{4} = 0.$$

解得特征根为两个相等的实根

$$r_1 = r_2 = \frac{1}{2}.$$

所以，原微分方程的通解为

$$s = (C_1 + C_2 t)e^{\frac{t}{2}}.$$

为了求特解，对上式求导，得

$$s' = \frac{1}{2}(C_1 + C_2 t)e^{\frac{t}{2}} + C_2 e^{\frac{t}{2}}.$$

把初值条件代入上面两式，求得

$$C_1 = 1, \quad C_2 = \frac{3}{2}.$$

所以，原微分方程的特解为

$$s = \left(1 + \frac{3}{2}t\right)e^{\frac{t}{2}}.$$

例 6　在如图 $4 - 5$ 所示的电路中，若将开关拨向 A，达到稳定状态后再将开关拨向 B，求回路中电容器上的电压 $u(t)$ 及电流 $i(t)$ 的变化规律. 已知：$E = 20$ V，$C = 0.5 \times 10^{-6}$ F，$L = 0.1$ H，$R = 2$ kΩ.

解：(1) 建立微分方程.

根据电容性质可知

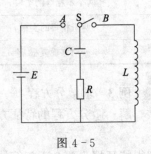

图 $4 - 5$

$$i = \frac{dq}{dt} = C\frac{du_C}{dt}, \quad \frac{di}{dt} = C\frac{d^2 u_C}{dt^2}.$$

根据回路电压定理，得

$$u_L + u_R + u_C = 0.$$

各元件的电压降分别为

$$u_L = L\frac{\mathrm{d}i}{\mathrm{d}t} = LC\frac{\mathrm{d}^2 u_C}{\mathrm{d}t^2},$$

$$u_R = Ri = RC\frac{\mathrm{d}u_C}{\mathrm{d}t}.$$

代入上式，得

$$LC\frac{\mathrm{d}^2 u_C}{\mathrm{d}t^2} + RC\frac{\mathrm{d}u_C}{\mathrm{d}t} + u_C = 0.$$

即

$$\frac{\mathrm{d}^2 u_C}{\mathrm{d}t^2} + \frac{R}{L}\cdot\frac{\mathrm{d}u_C}{\mathrm{d}t} + \frac{1}{LC}u_C = 0.$$

将 $L = 0.1$（H），$R = 2\,000$（Ω），$C = 0.5\times10^{-6}$（F）代入，整理得

$$\frac{\mathrm{d}^2 u_C}{\mathrm{d}t^2} + 20\,000\times\frac{\mathrm{d}u_C}{\mathrm{d}t} + 20\,000\,000 u_C = 0.$$

（2）求微分方程的通解.

其特征方程为

$$r^2 + 20\,000r + 20\,000\,000 = 0,$$

得特征根为

$$r_1 \approx -1\,056，\quad r_2 \approx -18\,944.$$

因此，原微分方程的通解为

$$u_C = C_1 e^{-1\,056t} + C_2 e^{-18\,944t}.$$

且满足初值条件

$$u_C(0) = E = 20, \quad \frac{\mathrm{d}u_C}{\mathrm{d}t}\bigg|_{t=0} = 0.$$

（3）求微分方程的特解.

将初值条件代入微分方程，得

$$\begin{cases} C_1 + C_2 = 20, \\ 1\,056C_1 + 18\,944C_2 = 0. \end{cases}$$

解得

$$\begin{cases} C_1 \approx 21.2, \\ C_2 \approx -1.2. \end{cases}$$

所以回路中电容器上的电压为

$$u_C = u(t) \approx 21.2e^{-1\,056t} - 1.2e^{-18\,944t}\ \text{V}.$$

相应地，可以得到回路中的电流为

$$i = i(t) = C\frac{\mathrm{d}u}{\mathrm{d}t} \approx -0.01e^{-1\,056t} + 0.01e^{-18\,944t}\ \text{A}.$$

在 RLC 电路中，电容器两端的电压 $u(t)$ 和回路中的电流 $i(t)$ 与时间 t 的关系即为电容器的放电规律. 由例 6 可知，随着时间的推移，电容器两端的电压 $u(t)$ 和回路中的电流 $i(t)$ 将越来越弱，直至趋近于零（放电完毕）.

课 后 习 题

1. 求下列微分方程的通解:

(1) $y'' = x^3$;

(2) $y'' - 6y' + 9y = 0$;

(3) $y'' + 6y' + 13y = 0$.

2. 求下列微分方程的特解:

$y'' - 4y' + 3y = 0$, $y\big|_{x=0} = 4$, $y'\big|_{x=0} = 12$.

3. 在题图 4-4 所示的电路中,若将开关拨向 A,达到稳定状态后再将开关拨向 B,求回路中电容器上的电压 $u(t)$ 和电流 $i(t)$ 的变化规律. 已知: $E = 20$ V, $C = 0.5$ F, $L = 1.6$ H, $R = 4.8$ Ω.

4. 已知 $x = \sin t$ 是二阶常系数齐次线性微分方程的一个特解,求此微分方程.

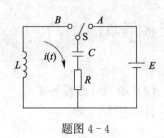

题图 4-4

专题阅读 蝴 蝶 效 应

1961 年冬季的一天,美国气象学家洛伦兹(Lorenz)用简化的关于地球大气的 12 个微分方程,在一个晶体管计算机上进行天气预报的仿真计算.

在计算中,他试图走一个捷径,从已输出数据的中间数据中选择一个作为计算的初始条件,令计算机运行同样的程序. 一小时后,他发现后半段天气变化同上一次的仿真结果大相径庭,这大大出乎他的意料,既然初始条件仍是原来的数据,结果怎么会完全失真呢? 他仔细考察后发现,从中间开始与从头开始的计算差别在于,计算机打印的数据仅保留了小数点后三位,而非完整的小数点后六位的数据. 将有误差的结果再输入计算机,这个偏差每预测 4 天的天气就会翻一倍,最初远小于千分之一的差异,最终却造成了完全不同的仿真结果.

1963 年,洛伦兹在论文《决定论的非周期流》中给出了一个简化的三变量的自治常微分方程组,也就是著名的洛伦兹方程. 当这个方程组的参数取某些值的时候,其数值解的曲线会变得复杂和不确定,对初始条件非常敏感. 洛伦兹形象地解释了他的发现:一只南美洲亚马孙河流域热带雨林中的蝴蝶,偶尔扇动几下翅膀,可能两周后在美国得克萨斯州引起一场龙卷风.

蝴蝶效应的含义是:一个复杂系统的事物发展的结果,对初始条件具有极为敏感的依赖性,即初值的微小变化或偏差,将导致未来结果的巨大差异. 而现实情况中如天气预报那样的复杂系统,初始条件是难以精确设定的,因而无法建立天气长期演变的真实方程. 也就是说,复杂系统的变化会呈现一种不确定的混沌现象. 在社会经济方面,蝴蝶效应意味着,在一个复杂的机制里,开始即使是微小的变化,结果却会给社会经济带来非常大的冲击效应. 又如,一个人儿童时期小的条件反射往往会影响其成长后的社会行为,一支股票的微小波动可能引起股市的剧烈震荡.